軌道検測車（東急電鉄）（図 2.17）

東京地下鉄綾瀬車両基地（図 3.43）

レール削正車（東急電鉄）（図 2.21）

デヤ 7500 形動力車・デヤ 7550 形電気検測車（東急電鉄）（TOQ i）
（図 3.40）

列車出発の指示（図6.3）

専用電話による指令所と駅長間の連携（図6.5）

転落防止用ゴム（左：取り付けた状態、右：断面）（図 7.14）

スレッドライン（図 7.18）

CP ライン（図 7.19）

蓄光式明示物（図 7.28）

鉄道安全解体新書

一般社団法人
日本鉄道技術協会 総合安全調査研究会 ［監修］

中村 英夫 ［編著］

Ohmsha

推薦のことば

　COVID-19 がもたらしたパンデミックは、日常生活に大きな変化をもたらした。現在（2021 年 10 月）終息傾向に見えるものの、先が予見できない。このような、不自由な日々を過ごす中で、改めて自由に移動できる環境の有難さを感じる。国の交通政策基本法でも、交通に関する施策の推進の趣旨について「交通が、国民の日常の生活及び社会生活の基盤であること、国民の社会経済活動への積極的な参加に対して重要な役割を担っていること及び経済活動の基盤であることに鑑み」と述べている。今日の状況を見るにつけ、交通を位置づけた法律の文言が腑に落ちる。再び日常を取り戻すには、大きなダメージを受けた交通システムの復興こそ必須である。とりわけ、交通システムの中で大きな比重を占める鉄道交通システムの復興は、社会的にも重要な意味をもつ。

　非日常の世界にのんびりと身を置く光景が懐かしく感じられる。考えてみれば、自然災害をはじめ、われわれはこれまでにも幾多の困難を乗り越えてきた。今日の状況も、いずれ思い出となって語られる日が来るに相違ない。鉄道においても、多くの悲惨な事故を経験した。その事故に学ぶ中で、今日の水準に到達した。

　そして、その努力の中で築かれた鉄道の安全技術のすべてを網羅した、「鉄道安全解体新書」（以下、本書という）が、日本鉄道技術協会の総合安全調査研究会の監修のもとで 2021 年 11 月に刊行されるはこびとなった。総合安全調査研究会では、各鉄道事業者が行っている安全確保への取組みを総合的に分析してきたそうで、その成果をまとめたものという。本書は、第 1 章で鉄道を構成する各技術領域および部内教育を概観し、安全との観点でわかりやすく紹介している。第 2章以降は、列車走行の安全を支える「軌道・構造物」から始まり、第 1 章で紹介された各種技術分野などの詳細な内容が紹介されている。これまで、鉄道事故を取り扱った書籍や、鉄道を行政論的視点から解説した書籍、電気鉄道をはじめとする鉄道固有技術の解説書、列車のスケジューリングである列車ダイヤを中心に据えた技術書など、多くの良書が出版されてきた。しかし、本書のように、鉄道交通システムの技術領域から職場内教育まで含めたすべての領域を網羅して解き明かし、安全という切り口で解説した書籍は、皆無であった気がする。本書は、鉄道技術を網羅した単なる解説書ではない。それぞれの領域において、安全に対

するさまざまな思いや工夫が語られており、しかもそれらが有機的につながる。

　本書が多くの方々に読まれ、鉄道の技術とその技術を支える日々の努力の実態が広く理解されることは、交通システムとしての鉄道の発展にも寄与することと確信する。

　これからの日本を支える学生はもとより、鉄道の業務にかかわる方、産業分野の安全に関心のある方、そして工学一般に関係する方々にも広く薦めたい良書である。

2021 年 10 月

明治大学名誉教授
公益財団法人 鉄道総合技術研究所　会長
工学博士　向 殿 政 男

序

　わが国の鉄道は、明治5年（1972年）10月14日に新橋・横浜間で営業を開始して以来、来年（2022年）150周年を迎える。この間、事業者の努力と国民の理解に支えられ、時速320kmで運転する新幹線や都市圏の高密度運転など、世界的に評価される実績を上げてきた。年間250億人を運ぶ鉄道は、文字どおり国民の足として社会を支えている。しかも、事故の教訓や技術進歩を組み込んだ改良、システム・イノベーションを通じ、安全面においても高い水準に達しつつある。

　このような中で、一般社団法人 日本鉄道技術協会（会長 秋田雄志博士）の総合安全調査研究会（以下、本研究会）では、2017年9月より「鉄道事業者の安全に対する取り組みをまとめ、今後の施策検討に資する」こと、および「その実態について広く社会的なご理解をいただく」を目的とした調査・分析活動を実施してきた。その成果は部内の報告書として取りまとめられ、各事業者においてさらなる安全性向上を意図した明日の鉄道技術を検討する際の資料として提供された。

　一方、鉄道交通システムにおける安全性は、単に鉄道事業者の努力のみによって達成されるものではなく、利用される国民、行政のご理解が不可欠である。「鉄道の安全」については、国民の間に一定の理解は得ていると思う。その理解に加え、それがどのような仕組みによって達成されているか正しく知っていただくことは、本研究会の趣旨にもかなうとして、内容を精査し本書「鉄道安全解体新書」として広く刊行することにした。

　鉄道の安全に向けた取組みというと、ATSやATCといった列車保安制御や速度オーバー防止、地震対策などを想起しがちである。しかし、それにとどまらず、列車の安全運行が、各系統における地道な営みによって実現されている事実を、本書では、第一線で活躍している技術陣によりわかりやすく解き明かした。各技術系統で繰り広げられている、表に出ることの少ない日々の作業こそ、安全安定輸送に不可欠なのだ、という事実への社会的理解が増すことを願っている。

2021年　錦秋の候
　　　日本大学名誉教授
　　　一般社団法人 日本鉄道技術協会 総合安全調査研究会　座長
　　　　　　　　工学博士　中村英夫

目　　次

第3章　車両　～快適さと安全を提供する鉄道の象徴～

第4章　信号・通信　～鉄道の安全を守る神経器官～

第7章　駅　〜利用客の安全の砦〜

第8章　踏切設備　〜道路交通と乗客を守る〜

第9章　教育・訓練　〜安全技術の習得と実践力涵養〜

付録　法・規程、主な鉄道事故

第1章

総論
～鉄道の安全は総合力のたまもの～

鉄道を構成する技術領域について安全とのかかわりを紹介します。

安全な鉄道が、多くの技術の総合力に支えられていることと、その技術を上手に把握して、発生するさまざまな問題に臨機応変に対応し、安定輸送に貢献する指令の役割などを理解してください。さらに、そのような業務を誤りなく遂行するうえで、日ごろの教育訓練も大事になります。なお、本章は第2章以降の案内にもなっています。

1.1 鉄道システム

　鉄道システムは、安全な交通システムの一つとして国民生活を支えていますが、とりわけ日本の鉄道の安全性は、国際的にも高く評価されています。その鉄道の安全の源泉はどこにあるのか、日本鉄道技術協会の第4次総合安全調査研究会では、各鉄道事業者が毎年発行している安全報告書をベースに調査分析を続けてきました。

　もちろん、鉄道には ATS（自動列車停止装置）や ATC（自動列車制御装置）で知られる信号保安装置があり、列車運転の安全を守っています。しかし、鉄道を構成するあらゆる技術領域で、安全のための工夫がなされ、その総体として今日の高速・高密度運転の安全が保たれているのだという実態がわかりました。普段その詳細は明らかになりませんが、安全を支える縁の下の力持ちのその姿について、教育・訓練も含めた各技術領域の安全に対する取組みとして以下に紹介します。

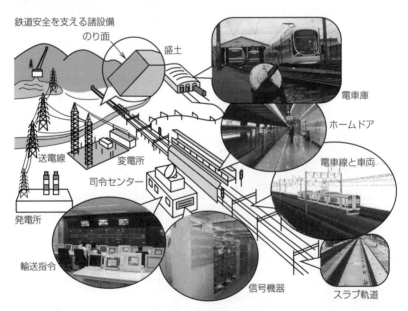

図 1.1　鉄道を構成するさまざまな技術と安全

1.2 列車走行の安定を支える（軌道・構造物）

　レールやまくらぎ（枕木）、道床などを軌道と呼びますが、軌道は列車の車体を直接支えており、列車の安全な走行には欠かせません。

　この軌道は、橋梁や高架橋、盛土など構造物の上に敷設されます。この安定走行を支える軌道・構造物などの土木分野にかかわる安全上の配慮や、そのしくみを第2章で紹介します（**図1.2**）。

　戦後、貨物列車の脱線事故が頻発したことがありました。その脱線は、競合脱線と呼ばれましたが、狩勝実験線において現車試験を繰り返し、軌道の形状、車輪形状、台車構造と脱線との関係が分析され、その後の安全輸送に貢献しました。このほか、軌道はもとより、軌道を支える高架橋や盛土の維持管理も安全安定輸送には不可欠です。軌道の維持管理を支えるうえでは管理指標に則った保全

図1.2　安定走行を支える（軌道・構造物）

が行われますが、管理指標は列車の安全・安定走行のための理論解析から得られた成果が反映されています。第2章では、軌道の各構造物の紹介のほか、この管理指標の実態について理論の一端を含めわかりやすく紹介します。

　また、構造物の維持管理だけではなく、雨、風、雪などの気象災害に対する備えと万一の際の状況把握が重要です。自然災害に対する備えとしては、盛土の強化や防風林、防風柵などの設置といったハード的な対策と運転規制などのソフト的な対策が重要です。これまでのスケールを超える昨今の異常気象に対しては、従来の対策以上の新たな取組みも求められていますが、これらについても説明します。また、このような異常気象と併せ、地震に備えた対策も列車の安全には不可欠です。早期警報システムの設備化による被害の軽減策に加え、地震の揺れに対しても脱線を抑止する方策についても力を入れてきました。その概要も第2章で紹介します。

1.3 快適さと安全を提供する 鉄道の象徴（車両）

　乗客や荷物を運ぶ鉄道車両は、鉄道の魅力を伝える顔ともいえます。この夢育む鉄道車両（**図 1.3**）ですが、鉄道車両の中には数多くの安全に対する配慮が組み込まれています。鉄道車両と安全については、まず危険な事態を引き起こさないための各種配慮があります。そして、万一の事態に際して乗客の安全を守る配慮も重要です。第

図 1.3　鉄道の象徴（鉄道車両）

3 章ではこれらの配慮に加え、鉄道施設の状態を計測する車両についてもまとめて紹介します。以下、その内容の一端を簡単に紹介します。

　たとえば、急曲線を低速で走行したときに外軌側の車輪がレール踏面に乗り上がって発生した脱線（乗り上がり脱線）事故の経験から、左右の車輪にかかる重さのバランスの維持という管理技術の重要性が明らかとなり、保全管理に生かされています。同様に左右の軸重の管理に関して貨物列車では、荷物の積み方に左右で偏りがないかをモニタリングするといった方策もとられています。鉄道車両側が危険な事態を引き起こさないための配慮の一つです。また、都市圏ではホームドアが普及しつつありますが、乗客の乗降にとって、ドアの位置とホームドアの位置合わせが大切です。ドアに関してはさらに、ホーム停車時に反対側のドアを開けてしまうと転落事故につながりますし、高速で走行中にドアが開いては危険です。これらには、乗務員が誤った取扱いを行っても危険な事態に至らないようなしくみが設けられています。

　また、万一の際の対策ですが、車両と車両間のドア（貫通ドア）の付け方にも配慮が見られます。戦前・戦中の車両の貫通ドアは、引いて開けるドアでした。桜木町で発生した車両火災時には、逃げようとする多くの乗客がドアに集中し、手前に引いてドアを開けることができず、多くの人命が失われました。その対策として外開きドアに改良されましたが、今では引き戸になっています。2003 年に発生した韓国地下鉄大邱駅の火災事故では多くの人命が失われました。このよう

にトンネルや地下鉄での火災時には、迅速な避難の確保とともに一酸化炭素による中毒の防止が重要になります。大邱の火災事故を経て、わが国でも難燃化の取組みが進展しました。

　自動車などとの衝突事故に対しては、車両の先頭部が蛇腹のように折れ曲がることで衝撃を吸収する技術も一部車両に導入されています。

　列車衝突などの事故の防止には、ATS や ATC が知られていますが、その制御には、地上設備と車上設備の協調した処理が不可欠です。また、万一運転士に不測の事態が発生したときに、自動的に急ブレーキを作動させて停車させるデッドマン装置も設備しています。そのほか、地震時にも脱線しにくくする機構など車両に装備された安全施策は数多くあります。

1.4 鉄道の安全を守る神経器官（信号・通信）

　列車の安全な運転を実現するために設備された装置が信号です。今日では、通信も単なる情報伝達手段から、安全の一翼を担う設備へと変貌しています（**図 1.4**）。第 4 章では、信号・通信による保安の全体像を明らかにします。

　列車の安全を守る信号も、創業当初は、列車の進路を構成し、運転士に進行の許可を与える単純なものでした。しかし、事故の教訓を汲み取って改良を重ねるとともに、発展する技術を

図 1.4　列車運転の安全を守る（信号・通信）

組み込み今日のシステムへと発展してきました。今日では、すぐれた ATS や ATC が設備され、停止信号を見逃す信号冒進事故だけではなく、速度制限箇所の速度超過防止制御や端末駅でのオーバーラン防止機能も備えるようになりました。この中で、無線を使った列車制御システム（CBTC）は、車上・地上の相互通信を用い、地上装置が列車に対する走行可能な限界地点を決定して車上に送信し、速度照査機能そのものは車上装置に委ねることで安全性と運転能率向上を経済的に実現しています。

　第 4 章では、まず、信号保安制御の基本として、ある区間には 1 列車しか存在させないという「閉そくの概念」と列車検知センサである「軌道回路」について説明します。軌道回路はレールに信号電流を流し、列車検知センサの一部として用いるもので、今日の列車制御に不可欠のデバイスとして多用されています。さらに、閉そくと同様、複雑な線路配線の駅構内において安全な列車運転を支える「連動機能」についてそのしくみを含めて説明します。

　連動装置については、いくつかの書籍で紹介されていますが、本章ではそのしくみを含めてわかりやすく説明しています。連動機能の理解は鉄道信号の理解を深めます。興味がある方はぜひ熟読してください。

　閉そく制御、連動機能は、最終的に信号機によって運転士に伝えられます。運転士が信号機に従った運転をしている限り安全は保たれますが、信号機の信号を誤認したり、憶測で信号機の指示に違反したりすると列車衝突などの事故につながります。このようなときにも列車の安全を守る装置が ATS や ATC です。停止信号の区間に列車が侵入すると非常ブレーキを作動させる ATS が、1927 年にわが国初の本格的地下鉄である銀座線の開業時に設備されました。

　国鉄では停止信号接近時にまずは警報を与え、5 秒以内に運転士がそれを確認したことを伝えないと非常ブレーキを作動させる ATS が開発され、全国に導入されています。しかし、運転士が警報を確認した後に失念したり思い込みによりブレーキ手配を遅れたりした事故が防げませんでした。このため公民鉄では、ATS 装置が速度をチェックし、危険なときにのみブレーキを動作させる ATS を設備し、安全性を向上させました。列車の運転の安全は、信号機の信号に従うだけでは十分ではありません。速度制限区間の速度超過や、端末駅でのブレーキ手配の遅れなど、安全を脅かすケースはたくさんあります。このような事態に対しても安全を守るしくみの導入が、2006 年に国土交通省から義務付けられ、多くの鉄道事業者が ATS の機能拡充で実現させました。この結果、公民鉄と国鉄の流れをくむ JR の ATS が、初めて共通のルールのもとに一元化され、鉄道の安全は大きく前進しました。第 4 章ではこれら ATS の技術的変遷についても詳しく紹介します。

　ATS は運転士のブレーキ扱いを前提に安全を守る装置ですが、ブレーキ扱いそのものを機械化することで人間のミスの余地をなくし安全を守る装置が ATC です。 ATC は新幹線をはじめ地下鉄や山手線・京浜東北線などの幹線に導入さ

れましたが、より効率的運転を可能にするシステムへと進化しています。そしてその流れは、無線式列車制御システムへと受け継がれています。無線式列車制御システムでは、列車を検知する軌道回路に代わり、列車から走行位置を受領するしくみが用いられ、無線通信が安全・安定輸送に重要な役割を果たすようになりました。このような流れと、これら重要な信号設備を維持する保全についても第4章で紹介します。

1.5 列車を動かす原動力（電車線・電力設備）

　大都市圏をはじめ、わが国の多くの線区が電化されています。電車線をはじめとする電力設備は列車運転のエネルギー源といえます（**図1.5**）。第5章の「電車線・電力設備」では、発電所あるいは電力会社から高圧電力を得て利用する電圧まで変電所で降圧し、架線に通電するまで電気がどのようにして伝えられ、そこで生ずる障害に対しどのような配慮がなされているか、鉄道の安全・

図1.5　列車を動かす原動力（電車線・電力設備）

安定輸送の視点からわかりやすく説明します。さらに、車両が電気エネルギーを受電するための電車線設備は、鉄道独特の設備で、多くの部品から成るため、信頼性の維持が重要になります。とくに電車線設備は、変電所の設備と異なり、予備系をもちにくい機構となっているため、故障が発生した際には長時間列車運行を停止させねばならなくなることもあります。このため、架線の摩耗状況の計測などの保全作業も重要です。

　電力は巨大なエネルギーでそれ自体が危険源になりかねません。しかし、これまでの技術開発により危険源はコントロールされ安心して利用できる状況が整備されました。おかげで電力の持続的安定供給が図られるようになりましたが、第

5 章では電力系統にかかわる設備の紹介に加え、保全への取組みも説明します。たとえば、電車線検測車、軌道・電気総合検測車などを利用した診断技術や、架線作業車、軌陸車などを用いて行われている電力設備を維持する取組みです。そのほかにも、自分自身の摩耗劣化を申告するセンサ機能をもった架線などについても紹介します。

　さらに、変電所には地震計や早期地震警報システムも配置され、地震や大津波警報発表時にいち早く給電を一括停止し列車を止めることにより、被災を減少させる安全対策にも寄与しています。この様子についても、これからの効率的な電力利用技術の動向とともに第 5 章で紹介します。

1.6 列車運行の管制塔 （運転計画・指令）

　スケジュールに沿って運行される鉄道には、運転計画を作成し、計画に沿った運転を確保するための指令業務が重要です。第 6 章では、日々の列車運行を安全・正確に運行するための中枢組織である「指令所」の諸設備や、その設備を操作して行われる指令業務について紹介します。指令業務は、一般の方々の目に直接触れることのない裏方の業務になりますが、今日の鉄道で

図 1.6　列車運行の管制塔（運転計画・指令）

は重要な役割をもっています。指令の業務についてこれまでの技術書ではその意義や役割を述べるにとどまっていましたが、本書ではさらにその業務の内容にまで立ち入って詳細に紹介します。

　指令では、駅や CTC（Centralized Traffic Control：列車集中制御装置）などから情報を得て、列車の運行状態を監視しており、指令員が遅延や異常事態を把握した場合は、運転整理やその対応に即座にあたり、場合によっては速度規制などの指示を行って、安全の確保と平常ダイヤへの早期復旧を行いますが、その部署が輸送指令です。輸送指令は、列車の運行に直接携わる指令所の中で最も中心

的な役割を果たしています。

　また、設備故障その他の理由により、「常用する閉そくによる方法」または「列車間の間隔を確保する装置による方法」による運転ができないときに施行する方式として、複線区間では「指令式」、「通信式」、「検知式」などがあります。「指令式」を例に挙げると、予め定めた区間（駅間）を一つの閉そくとして、運転する区間に列車がいないことを運行表示盤及び列車無線などにより確認して列車の安全な運転を確保するのです。指令式を施行する際は、輸送指令が閉そくの取扱者になります。このほか、想定し得ない異常が発生した場合に拠り所となるのが指令です。指令はこのため、日ごろからの訓練などを通じ異常な事態に的確に対応できるようにしています。

　近年、強風や大雨の影響で列車運行が阻害されるケースが頻発するようになってきました。台風時や災害時に予め採られる計画的運転規制や、強風時や集中豪雨時に沿線に配置した各種センサなどの情報をもとに行う臨機応変の運転規制も鉄道輸送の安全には不可欠な業務です。近年では、沿線に配置した各種センサやインターネットを介して他機関からも情報を得つつ迅速かつ適切な指令業務を行っています。

　このほか、鉄道施設に障害が発生した場合、あるいはそのおそれがある場合は、運転を規制し、線路設備や沿線設備の保全を行う保線、電気、信号、通信部署に巡回点検の指示や、現場の状況確認および復旧手配の指示を行います。このように、指令所には輸送を扱う輸送指令のほかに、各種設備への指示や保全作業を支える設備指令もあります。

　列車の安全で安定した輸送を確保するためにも線路や架線などの地上設備の定期的な保全点検が必要となります。地上設備を保全点検する場合は、線路内に入っての作業も多くあり、保全作業員が安全に作業を行うためには、列車運行と線路内作業を分離する必要があります。列車本数が多い路線の場合、最終列車の運転が終了した後、翌朝の始発列車の運転までの深夜時間帯の限られた時間内で作業を行うことが中心となります。列車運行と線路内作業を分離し、作業員の安全を確保するため関係信号機に停止信号を現示させ、列車を進入させない措置を「線路閉鎖」と呼びます。このようにして行われる保全作業においても連絡の手違いや手続きミスなどによる事故の懸念はあり、指令が関与して作業の安全と安定輸送を支えています。

　指令所では、事故発生時または輸送障害発生時は、乗務員からの情報や現地の情報を収集し、支障時間の短縮と最大限の運転区間を確保し、乗客への影響を最小限に留めることに心がけ、速やかに平常運転や通常業務に戻すための対応を行っています。

　第 6 章では指令所で収集した運行情報などを広く利用者に提供する努力などについても紹介しています。この情報は輸送乱れ時に利用者が適切な対応を取るうえでも有効に利用されています。このように今日の鉄道の運行にとって指令は、あらゆる事態に対応する総合司令機関としての役割を担っています（**図 1.6**）。

1.7 利用客の安全の砦（駅）

　利用客が鉄道を利用する際の窓口となる駅も、多くの安全を守るしくみが備えられています。利用客が最も列車に接近する駅のホームでは、接触事故を防がねばなりません。このため、近年、ホームドアの設置が進んでいますが、そのほかにもホーム下に設置される転落検知マット、危険時に列車を止める緊急停止ボタン、ホーム下退避スペース、退避ステップなどの安全設備もあります。これらは、万一利用客が転落したことを想定して設置された安全対策ですが、加えて、列車の接近を利用客に知らせる接近案内・表示や、曲線のホームで車両との間隙が広い箇所に設置される回転灯や足下灯などのようにお客様への注意喚起のための設備も安全確保に寄与しています。そればかりではありません。ホーム上にはレールと並行に設備された長椅子を 90° 回転させ、レールの方向と直角にした事業者があります。これも、眠り込んだ酔客が目を覚まして立ち上がり直進して列車に轢かれるという事故に学んだものですが、このようなたゆみない安全への努力が鉄道の安全を支えているのです。また、ホームにある視覚障がい者誘導用ブロックですが、日本で発明されたそうで、その形状も安全への配慮で進化しており、その様子も説明します。

　駅の中でも地下鉄の駅は、火災や出水時を想定した特別な配慮が求められます。火災に備え、自動火災報知設備を設置しています。火災の際には、天井に設置した熱や煙を感知するセンサが作動し、ベルなどで利用客や駅員に知らせ、少

しでも早く避難を開始させます。避難
の途中では、停電や煙などで避難する
方向がわからなくなる可能性がありま
す。そこで、非常用照明設備を備える
ほか、通路などには避難口の方向を示
す避難口誘導灯や通路誘導灯を設置し
ています。同様に、地下駅では浸水に
対する備えもしています。地下駅の入
り口には、防水シャッターなどで駅へ
の浸水を防いだり、入り口前をかさ上

図1.7 利用客の安全の砦（駅）

げしたりして、雨水が入りにくいようにしている駅もあります。これら駅設備に
ついては、第7章で紹介します。利用客が駅構内で遭遇するあらゆる事態に対し、
それぞれ安全対策が施されている様子が理解できるでしょう（**図1.7**）。

1.8 道路交通と乗客を守る（踏切設備）

　鉄道と道路交通の接点である踏切の
安全も重要です（**図1.8**）。これまで、
それぞれの踏切の状況に応じて、踏切
警報機、踏切遮断機を設置し、技術開
発も行ってきましたが、いまだに踏切
事故は列車事故の多くを占めています。
　道路利用者から見た踏切道の視認性
を高めるための工夫や、踏切遮断後に
障害物を検知する装置、障害物検知後
に、高輝度のLEDを発光させて運転

図1.8 道路交通と乗客を守る（踏切設備）

士にいち早く伝えブレーキを促す特殊発光信号機や踏切支障報知装置なども整備
され、安全性向上に寄与してきました。第8章では「踏切設備」として列車が踏
切道に接近してから警報を鳴動させるまでのしくみや、通過してから遮断桿を上

昇させるしくみ、遮断された踏切内に自動車などの障害物を検知する障害物検知装置、そのときにいち早く接近してくる列車の運転士に伝える特殊信号発光器などの諸設備について紹介します。ところで、JRの踏切は踏切警報を開始するための列車検知センサとして踏切制御子を使っています。そして列車が踏切を通過したことを検知すると警報を遮断し遮断桿を上げ道路交通の遮断を解きますが、そのために用いられる列車検知センサも踏切制御子です。しかし、鳴動開始に用いられる踏切制御子は故障時には列車侵入という情報を生成するのに対し、警報を解除する鳴動終止点に設けている踏切制御子の故障時には、列車を検知なしという状態を維持し踏切の警報と遮断を継続するように設計されています。同じ列車検知センサでも原理の異なるものをあえて使うのも安全を守るためです。

　ところで、近年の無線式列車制御装置では、踏切制御装置と車上の機器が情報交換を行い、安全が確認されたときに限り踏切を通過させるという新たな方式が組み込まれ、JR東日本のATACSで採用されています。踏切と車上装置の情報交換で制御するため、安全性向上に寄与すると期待されています。

1.9 安全技術の習得と実践力涵養（教育・訓練）

　乗務員がいれば列車を運行できそうですが、実は1本の列車を運転させるためにその裏で多くの作業が営まれていることが本書から理解できると思います。しかも、その作業にはすべて規則などの裏付けがあります。また、列車運行においては、事故や遅延など通常とは違う状況が毎日のように発生します。

　そのような場合においても、規則に則った一糸乱れぬ的確な業務の遂行を保障するうえで重要なのは、日ごろの教育・訓練です（**図1.9**）。すなわち、列車の運行や、設備の維持管理、運用を行う人材育成は、安全・安定な鉄道輸送を維持するうえで重要な事柄なのです。

　各鉄道事業者は、自社の研修センターや訓練施設、各職場などにおいて、運転用シミュレータやVR（Virtual Reality：仮想現実）などの設備を活用しながら、実技、体感や模擬訓練、座学、演習・討議、体験発表など、さまざまな方法を組み合わせて教育・訓練に取り組んでいます。

　人材を育成する方法には、新入社員研修から管理者研修を含む職種・職位別研修、職場内訓練（OJT：On the Job Training）のほか、日常的なマネジメント活動（ヒヤリハット、安全ミーティング、小集団活動など）など、多様なものがあります。そのうち教育や訓練の取組みの様子については、第9章で説明します。鉄道事業者

図1.9　安全技術の習得（教育・訓練）

が工夫を凝らしながら進めている教育・訓練は、事業者内の取組みゆえ、これまで出版物などで取り上げられることは少なかったと思います。その意味でも、鉄道事業者が力を入れている教育・訓練の取組みを要領よくまとめて解説した本書を通して、鉄道事業の実態を広く理解できるものと思います。

1.10　鉄道事業・活動のみなもと（法・規程）

　鉄道と軌道事業について定めた法律、施行令や施行規則を総称して、一般に「鉄道法規」といいます。代表的な法規として、「鉄道事業法」と「鉄道営業法」「軌道法」の三つがあげられます。鉄道事業者の業務はこの鉄道法規に基づいて行われています。

　この中で、安全などにかかわる技術基準は、「鉄道営業法」に鉄道の構造や運転取扱いの技術基準として定められていますが、関連する規則として2002年3月に「鉄道に関する技術上の基準を定める省令」が制定されています。この中で、鉄道の技術基準は、より合理的な技術基準へと変わりました。すなわち、技術基準を定めている省令は、構造や仕様を規定するものではなく、求められる性能を規定するように変わったのです。付録ではその経緯について説明します。

　構造や仕様が定められると、製品設計が固定化され性能が維持されますが、進歩した技術を組み込んだ新装置も、構造や仕様が新規で異なるということで容易には導入できない問題がありました。一方、性能規定では、構造・仕様が異なっ

ても性能を満足するなら問題ありません。ただ、鉄道事業者は、それが性能基準を満足することを「実施基準」としてとりまとめ、国に届け出ることになったのです。また、鉄道事業者は、鉄道施設、車両の設計及び維持管理並びに運行を行うにあたって、当該実施基準を遵守しなければなりません。

図 1.10　鉄道事業・活動のみなもと（法・規定）

このような形態は技術進歩を組み込んだ製品の導入には好都合ですが、技術力が弱い鉄道事業者にとっては、障壁になりかねません。このため、国は省令の判断基準や一般的な事例を定めた「解釈基準」を通達するとともに、詳細な考え方、事例などを「解説」として示しており、鉄道事業者は、これを参考に実施基準を作成することができます。国は、実施基準の内容が省令の規定に適合しないと認めるときは、実施基準を変更するよう指示できることになっており、性能が担保されます。すなわち、先進技術を組み込み鉄道技術を常に先進の状態にしつつ、安全性も確実に担保するしくみをわが国の鉄道は整備しているともいえます。現在、紹介したの技術基準のもとで、すべての鉄道事業者から実施基準が届け出られ、鉄道の運営がなされているのです。このような法律・通達などの概念についても付録で説明します。また、主要な過去の鉄道事故例も収録しました。

第 1 章の総論において、各技術分野における安全性への配慮を紹介しました。高速・高密度運転を保安制御の面で支えているのは、鉄道信号システムです。しかし、ホームの椅子の配置を横から縦に変えるといった安全へのチャレンジに見られるように、各技術分野においても些細なことを見逃さず安全性を高めようと工夫や改善を行ってきました。そしてそれは、保全のルールとなったり、設備化され実際のシステムに組み込まれたりして今日の鉄道システムが構成されてきました。そのアウトラインを総論で理解いただけたでしょうか。

第 2 章以降の各技術領域の中では、それらの実態を詳しく紹介しています。安全を目指した先人の努力の跡をぜひ読み取ってください。「なぜ鉄道は安全なのか？」その真の答えが見つかることと思います。

第2章

軌道・構造物
～列車の走行と安全を支える～

軌道や鉄道土木構造物は、列車を直接支える設備であり、安全運行の実現のために、設計やメンテナンスの面でさまざまな工夫がなされています。また、近年は降雨や地震などの自然災害が年々激しくなっているので、ソフト、ハードの両面から安全を維持するための対策が施されています。

本章では、軌道・構造物における、安全運行を支えるためのさまざまなしくみを紹介します。

2.1 車両を直接支える軌道

2.1.1 車輪を直接支える軌道構造

(1) 軌道構造の種類

　軌道とは、レール、まくらぎ、道床な
どからなる構造体のことです。似た言葉
に「線路」がありますが、線路は、軌道
に加えて橋りょう、トンネルなどの構造
物や電化柱、架線など、鉄道車両の走行
に必要なすべての施設を包含したものを
指し、「軌道」とは別の概念となります。
代表的な軌道構造は、**図 2.1** に示すバラ
スト軌道です。バラスト軌道とは、まく
らぎを支える道床がバラスト（砂利）で
構成されたものをいいます。

(a) 外観

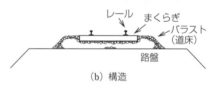

(b) 構造

図 2.1　バラスト軌道

　軌道の大きな役割は、1 両 40〜60 t あ
る車両の重さや走行に伴って発生する衝
撃的な力を、鉄道土木構造物に優しく伝
えることです。この「優しさ」が重要で、車両の乗り心地や周辺への騒音・振動
の伝達を考慮して、ある程度の柔らかさが求められます。自動車と道路の場合は
ゴムタイヤ、アスファルトそれぞれがいくばくかの柔らかさをもっていますが、
軌道ではレール〜まくらぎ間の軌道パッドやバラスト道床そのものが柔らかさを
もっています。しかし柔らかさをもつということは変形しやすいということで
す。道路の場合は路面のわだち掘れとなりますが、軌道の場合はバラストの沈下
によるレールの長手方向の変形（軌道変位）となります。これがひどくなると、車
両の乗り心地の悪化や沿線の騒音・振動を招き、そのまま放置すると脱線などの
事故につながります。したがって、道路の場合には定期的なアスファルト舗装の
修繕が行われるのと同様に、バラスト軌道の場合も定期的な検査および軌道整備

が必要となります。2.1.2 項（4）で説明する軌道検測車は、このような軌道の変形を 0.1 mm 単位で測定するための車両です。

　軌道整備は昭和 30 年代まではほぼ人力で行っていましたが、東海道新幹線開業の頃から 2.1.2 項（4）で説明するマルチプルタイタンパ（マルタイ）という機械が導入され始め、現在では局所的な整備を除いては、マルタイで実施するのが一般的となっています。

　軌道整備に要する費用は鉄道運営コストのかなりの部分を占めます。このコストを削減するとともに、軌道状態を長期間にわたって良好な状態に保ち、車両の走行安全性を確保するために、バラストのない、あるいはバラストどうしを固めたさまざまな直結系軌道が開発されています。ただし、バラスト道床は鉄道車両からの力を和らげるとともに車輪とレールから発生する音を吸収する役割ももっており、単にバラスト道床をコンクリートに置き換えただけでは、騒音・振動が大きくなってしまいます。直結系軌道にさまざまな種類があるのは、バラスト軌

図 2.2　スラブ軌道

図 2.3　S 型弾性まくらぎ直結軌道

図 2.4　TC 型省力化軌道

図 2.5　フローティングラダー軌道

道よりも保守コストが少なく、かつバラスト軌道と同等以上に環境に優しい軌道構造を目指した証でもあります。

　代表的な直結系軌道には、山陽新幹線の博多開業時から本格導入されているスラブ軌道（**図 2.2**）や、主に在来線の高架橋で用いられている弾性まくらぎ直結軌道（**図 2.3**）、既設のバラスト軌道でバラストどうしを固めた TC 型省力化軌道（**図 2.4**）があります。また、バラスト軌道の保守を減らすために開発されたラダーまくらぎを直結系軌道に利用したフローティングラダー軌道（**図 2.5**）も、一部事業者で導入されています。

(2)　軌道を構成する部材

①　レール

　鉄道という言葉を見ると、「鉄−道（日）」、「Rail−way（英）」、「Eisen−bahn（独）」となります。すなわち鉄でできた走行路であるレールこそが鉄道が鉄道たるゆえんであり、レールは鉄道を構成する最も基本的な要素です。

　レールには以下の機能があります。

a）車両の重さを支え、まくらぎより下へ分散する。
b）適度な硬さをもつ。
c）適切な頭部形状によって車両を安定的に走行させる。
d）自動信号区間で信号を制御する電流を流す。
e）電化区間で帰線電流を流す。

　いずれも、鉄道の安全・安定輸送の実現のために重要なものです。

　日本では、レールの規格は日本産業規格（JIS）[1]で定められています。a）については、より重い車両、あるいはより多くの列車がより高速で走行する路線では、より太いレールが用いられます。レールの太さは 1 m 当たりの重さで表され、日本では新幹線や列車本数の多い在来線では 1 m 当たり 60 kg のレールが、多くの在来線では 50 kg のものが、地方線区では 40 kg のものがそれぞれ用いられています。JIS ではそれぞれ 60 kg レール、50 kgN レール、40 kgN レールと呼ばれます。

　b）の硬さですが、鉄どうしであるレールと車輪の接触面積は 10 円玉ほどの大きさであり、この狭い面積に 1 車輪当たり瞬間的には最大 30 t もの力がかかることから、材質が柔らかすぎるとすぐ変形してしまいます。一方、硬すぎると脆くなります。このため適度な硬さをもつようレールの合金成分や製造方法が JIS で

定められています。鉄道の安全はこのような規格によっても支えられています。

c）の頭部形状ですが、JISのレールは**図2.6**に示すように3種類の半径の円弧をつないだものとなっています。このような曲面は単にデザイン上の要請ではなく、車両の安定的な走行のために、車輪断面形状との組合せを考慮して設計されています。40 kgNと50 kgNレールの頭部は同じ形状であり、60 kgレールは高速走行に適するよう、より扁平な形となっています。

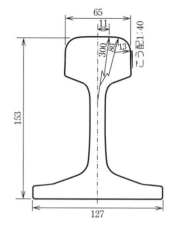

図2.6　50 kgN レールの断面形状

d）、e）はともに電気を流すという機能であり、レールとレールをつなぐ継目部やレールとまくらぎとの間の電気絶縁などで配慮がされています。なお、万が一レールが折れた場合は、レールに流れる電気の途切れを検知し、信号を赤に変えることで安全を確保しています。なお、信号の制御に用いる軌道回路については4.2節を、き電設備については5.1節も参照してください。

②　まくらぎ

まくらぎは、左右レールを固定して軌間を適正な値に保持するとともに、左右レールを絶縁して所定の電気回路を構成する役割をもちます。

かつては名前のとおり木で作られており、現在も木製のまくらぎは数多く使用されていますが、木は腐食しやすく、特にレールを固定する犬くぎの周囲が腐食すると軌間が広がり、脱線事故につながるため、列車本数が多い路線では、寿命が長いコンクリート製のまくらぎ[※1]が主流となっています。近年では安全性向上のため、ローカル線でも木まくらぎのPCまくらぎ化が進められています。

図2.7　合成まくらぎを用いた分岐器

※1　コンクリートにあらかじめ圧縮力を加えた「プレストレストコンクリート（Pre-stressed Concrete）」という構造であるため「PCまくらぎ」と呼ばれます。

　一方、PC まくらぎは型枠で大量生産ができるという特長があるものの、硬く脆い、あるいはさまざまな形状のものを少量生産するにはコストがかかる、といった弱点もあります。このため、鉄橋上のようにバラスト道床がなく振動が大きい箇所、あるいは分岐器内のようにさまざまな長さのまくらぎが用いられている箇所では、プラスチックをガラス繊維で補強した「合成まくらぎ」が用いられています。**図 2.7** は、合成まくらぎが用いられた分岐器の例です。

　③　レール継目

　レールは運搬の便を考慮し、1 本 25 m で製造されています（最近は長さ 150 m のレールも製造されています）。このため、25 m ごとにレールをつながなければなりません。代表的なものが、**図 2.8** に示す継目板によってレールをつないだもので、これを「普通継目」といいます。

　レールは夏冬の温度差によって伸び縮みを繰り返すため、継目部ではレールどうしの間にいくらかの隙間が設けられています。**図 2.8** で、継目部まわりのレールが黒ずんでいるのは、レールと継目板との間に油を塗って、伸び縮みしやすくなるようにしているためです。レールどうしの隙間は、レール温度の変化だけではなく車両からの力によっても変化するので、中間の温度となる春と秋に隙間の量を測定し、必要によりレール位置を長手方向に調整しています。

図 2.8　普通継目

　普通継目は騒音や振動の原因となり、またレールの変形、沈下量が大きく保守の手間がかかるので、列車本数が多い区間を中心に、レールどうしを溶接したロングレールが用いられてきています。なお、ロングレールとは 200 m 以上の長さをもつものをいい、これより短いものは長尺レールと呼びます。ロングレールの両端には**図 2.9** に示す伸縮継目を設置

図 2.9　伸縮継目

し、レールの温度伸縮を吸収しています。

(3) 分岐器

分岐器とは列車の進行方向を変えるためのもので、駅の構内や車両基地に設置されます。JIS では、分岐器を「一つの軌道を二つ以上の軌道に分ける軌道構造」と定義しています。

分岐器の構造は国鉄時代からほとんど変わっておらず、複雑なものになると 1 組で 10 000 点以上の部品から構成されています。地面で雨ざらしになっている装置としては、極めて複雑な構造と機構であり、安全・安定輸送実現のため、各部の寸法や形状が厳しく管理されています。また、近年では、JR 東日本の次世代分岐器（**図 2.10**）や、PC まくらぎを用いた分岐器などの新たな構造が、さらなる安全・安定性向上を目的として開発されています。

図 2.10　次世代分岐器

(4) 安全を守る付帯設備

① 脱線防止ガード

軌道は、車両が脱線しないよう管理するのが基本ですが、万が一脱線しかかることがあっても未然に防ぐため、次に示すような脱線のリスクが大きいところには脱線防止ガード（**図 2.11**）が敷設されています。

かつての脱線事故は貨物列車のものが多かったことを受け、急曲線や下り勾配から上り勾配に変化する区間など、長大編成の貨物列車の脱線リスクが高い箇所や脱線後の 2 次被害が大きい橋りょう上（図 2.11（a））などを中心に脱線防止ガードを敷設するよう、規定されました。さらに 2000 年 3 月に発生した営団地下鉄（当時）日比谷線中目黒駅構内での脱線衝突事故を受けて、急曲線（図 2.11（b））の緩和曲線[※2]（2.1.2 項（1）⑤平面性変位参照）など、旅客車の脱線リスクが高い箇所にも敷設され、安全性向上に寄与しています。

(a) 橋りょう上　　　　　　　　　　(b) 急曲線[2]

図 2.11　脱線防止ガード

② 逸脱防止レール

上述の脱線防止ガードは、レールに対し一定の間隔を設けて軌間の内側に敷設されています。一方、脱線防止ガードとレールとの間に岩塊や雪塊が挟まると、ここに車輪が乗り上がるという、別の形態の事故が起きる可能性があります。したがって、落石の危険がある箇所や降雪地域では、軌間の外側に、脱線防止ガードの代わりに逸脱防止レールを敷設し、万が一車両が脱線しても軌道から大きく逸脱しないような安全上の工夫が施されています。

③ ポイントガード

分岐器のうち、基準線、分岐線が同方向の曲線である内方分岐器（**図 2.12**）では、基準線の基本レール（同図の右側のレール）の摩耗が発生しやすくなります。基本レールが摩耗するとトングレールとの間に隙間が生じ、車輪フランジが進入して脱線するリスクがあるため、後述（図 2.16）するように摩耗の管理値が決められています。一方、基本レールの

図 2.12　内方分岐器

摩耗の進行を抑えるため、基準線側の曲線半径が 1 000 m 以下の内方分岐器では、図 2.12 に示すポイントガードが敷設されます。

※2　直線と円曲線との間に挿入される、曲線半径が徐々に変化する曲線。

2.1.2 円滑な走行を実現する軌道管理

(1) 軌道変位の管理

軌道の形状のうち、波長数m〜100 mのレールの曲がりを軌道変位（軌道狂い、または軌道不整ともいう）といいます。軌道変位が大きくなると、乗り心地が悪化し、場合によっては脱線に至ることもあることから、一般に**図2.13**に示す5項目の軌道変位を定期的に測定し、必要により保守を行います。各軌道変位の意味を簡単に説明します。

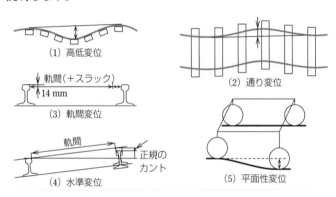

図2.13　軌道変位の種類

①　高低変位

レールの上下方向の変位を「高低変位」といいます（図2.13 (1)）。高低変位は車両の上下動の原因となります。高低変位と、次に示す通り変位は、一般に**図2.14**に示す「10 m弦正矢法[※3]」と呼ばれる、長さ10 mの弦の中央とレールとの離れで測定します。

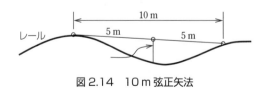

図2.14　10 m弦正矢法

※3　レールに長さ10 mの糸（弦）をあて、その中央でレールと弦との離れを測定することから、このように呼ばれます。弦の中央以外で測定する場合は偏心矢と呼びます。

②　通り変位

レールの左右方向の変位を「通り変位」といいます（図 2.13（2））。通り変位は車両の左右動や車両のローリングの原因となり、乗り心地管理上重要な項目です。

③　軌間変位

左右レールの間隔（軌間）の設計値からの差を「軌間変位」といいます（図 2.13（3））。曲線中でスラック※4 が設けられている場合は、設計値＋スラックからの差で評価します。軌間が広がりすぎると、車輪が左右レールの間に落下する形態の事故の原因となることから、走行安全上重要な項目です。

④　水準変位

2 本のレールの高さの差を「水準変位」といいます（図 2.13（4））。曲線中にカント※5 が設定されている場合は、所定のカントからの差をいいます。水準変位は通り変位と同じく、車両のローリングの原因となり、乗り心地管理上重要な項目です。

⑤　平面性変位

一定距離を隔てた 2 点間の水準変位の差を「平面性変位」といいます（図 2.13（5））。平面性変位は 1 台車内の四つの車輪が接するレール上の 4 点からなる軌道面のねじれを表します。

平面性変位が大きいと、ねじれた床の上に 4 本足の机を置いたときに足の一つが浮くように、車輪のうちの一つが浮き上がりやすくなります。これがひどくなると、車輪がレールに乗り上がって脱線するリスクが高くなるので、走行安全上特に重要な項目です。なお、円曲線と直線の中間に設けられる緩和曲線では、カントが徐々に変化するため、そもそも平面性変位が 0 とはなりません。したがって、緩和曲線中は特に平面性変位の管理が重要となります。

これらの軌道変位については、線区の状況に応じた管理基準を定めています。JR 各社では、国鉄が 1972 年に定めた軌道整備基準値[3]（**表 2.1**）をもとに、各社の実情に応じて改定したものを用いています。この軌道整備基準値は 1963 年に発生した鶴見事故を契機として国鉄が制定したもので、軌道変位の許容しうる最大値から、軌道検測から保守投入までの期間における軌道変位の変化量と安全率に相当する余裕分を減じたものです。なお、やや専門的な話になりますが、乙修

※4　曲線を円滑に走行するための、曲線中における軌間の拡大量
※5　遠心力による曲線外向きへの力を打ち消すために設ける、曲線外側と内側のレールの高さの差

表2.1　軌道整備基準値（1972年制定）[3]

(単位 [mm])

種別 / 線別 / 狂い種別	乙修繕整備基準値				丙修繕整備基準値			
	甲線	乙線	丙線	丙線中簡易線	甲線	乙線	丙線	丙線中簡易線
軌間		+10 −5	(+6) (−4)					
水準	11 (7)	12 (8)	13 (9)	16 (11)				
高低	13 (7)	14 (8)	16 (9)	19 (11)	23 (15)	25 (17)	27 (19)	30 (22)
通り	13 (7)	14 (8)	16 (9)	19 (11)	23 (15)	25 (17)	27 (19)	30 (22)
平面性					23 (18) （カントの逓減量を含む）			

備考 (1)　数値は、高速軌道検測車による動的値を示す。ただし、かっこ内は静的値を示す。
　　 (2)　平面性は、5m当たりの水準変化量を示す。
　　 (3)　曲線部におけるスラック、カントおよび正矢量（縦曲線を含む）は含まない。
　　 (4)　側線は、丙線に準ずる。

繕整備基準値とは目標値的な性質のもの、丙修繕整備基準値とは目安値的な性質のものであり、後者を超過した軌道変位が測定された場合は15日以内に保守をしなければならないこととしています。また、双方とも二つの数値が併記されていますが、（　）のないものが軌道検測車による測定値、（　）内の値が手や簡易な装置で測定された値に適用します。

　このような基準値を定め、定期的な軌道検測と軌道保守を繰り返していくことで、列車の走行安全性を確保しています。

　なお、表2.1に示す各項目とは別に、在来線の高速線区では20m弦正矢を、新幹線では40m弦正矢を管理しています。これらは、図2.13の弦の長さを20m、40mとしたもので、より高速走行に適した測定法であり、10m弦正矢の値から演算で求めます。加えてJRの貨物列車走行線区では、前述の鶴見事故を受けて通り変位と水準変位を組み合わせた「複合変位」を管理しています。鉄道の安全の裏には、このようなきめ細かい基準があるのです。

　また、軌道の検査においては軌道変位とは別に列車の振動加速度を定期的に測定しています。振動加速度は軌道変位よりも簡易な装置で測定できることから、

軌道変位よりも高頻度の測定が可能であり、良好な乗り心地の実現に貢献しています。

（2）軌道部材の管理

　軌道部材のうち、レールについては繰返しの列車走行による疲労破壊を防ぐため、定期的に交換しています。またレール破断の原因となる内部傷の検査や、列車の走行安全性を確保するための摩耗量の検査を定期的に行っています。

　直線や半径の大きい曲線で用いられているレールは、摩耗がそれほど大きくないので、列車の通過トン数が約６億〜８億 t ごとに交換されます。急曲線ではレールの摩耗が大きく、６億 t に達する前に摩耗量が交換限度に達します。摩耗量による交換限度はレールの種類によって異なり、13〜16 mm とされています。列車本数が多い都市部の急曲線では、１年ももたずにレール交換を余儀なくされることもあり、騒音対策と合わせてレールに油を塗布し、摩耗量を抑えています。このほかの軌道部材についても、レール締結装置や継目板のボルトのトルクや、コンクリートまくらぎのひび割れなどを定期的に検査しています。

　レールは温度変化によって伸縮します。一方、レールはまくらぎに固定されているため、ロングレールの場合、端部の 200 m 以外は伸縮しません。このため夏には圧縮（レールを縮ませる向き）の、冬には引張（レールを伸ばす向き）の力が内部に発生します。特に圧縮力が大きくなると、**図 2.15** のように軌道が横方向に大きく変形する「張り出し」と

図 2.15　軌道の張り出し
（鉄道総研での実験風景）

呼ばれる現象が起こります。張り出しが発生した箇所を列車が走行すると、脱線するリスクが非常に高くなるため、図 2.8 の伸縮継目でのレール伸縮量やレール温度を測定し、夏季に温度上昇量が大きい場合は特別巡回を行うとともに、春秋にレール締結装置を緩め、レール軸力を開放してレール位置を調整する「設定替え」を行います。

　分岐器は構造が複雑でかつ走行安全上重要で、事故が発生しやすい箇所です。このためトングレールの摩耗（**図 2.16**）、各部の寸法、トングレールを転換する転てつ機などが定期的に検査されています。

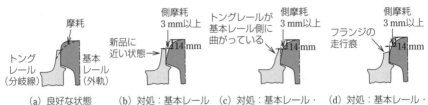

図 2.16　トングレールの摩耗管理

(3) 検査の周期

軌道の検査周期は、国土交通省が平成13年12月25日に告示した「施設及び車両の定期検査に関する告示（国土交通省告示第1786号）」により、以下のように定められています。

在来線：1年

新幹線：軌道（本線の軌間、水準、高低、通り及び平面性に限る。）2月

（上記以外）　1年

鉄道事業者では、上記告示の周期で軌道の検査を行うとともに、徒歩や列車での巡視[※6] を定期的に行い、軌道の状態を適正な状態に保っています。

(4) 軌道を検査・保守する車両

①　軌道を検査する車両の例

1）軌道検測車

図 2.12 の軌道変位は、図 2.17 の軌道検測車によって定期的に測定されます。測定結果は、表 2.1 に示す軌道整備基準値と比較し、必要により保守を行って列

図 2.17　軌道検測車（東急電鉄）

※6　線路の状態を目視などで総合的に確認することをいいます。徒歩によるものと、列車の運転台から行うものとがあり、それぞれ周期を決めて行われています。

車の走行安全性を確保しています。

　軌道検測車は図 2.13 に示す 10 m 弦正矢法を機械的に実現するために、レーザ光線による弦や、車体とレールとの距離を測定する変位計を装備しています。特に構造面では、10 m 弦正矢法の中央の測定点に相当する車両の中央に、検測用の台車が設けられているのが特徴です。ただし最近は、一般の車両と同じ２台車構造のものも増えています。この場合は、1 車両の 4 本の車軸のうち、3 本で偏心矢を構成してレール位置を測定し、計算処理によって 10 m 弦正矢に変換しています。3.3 節で紹介するドクターイエローやイースト・アイは、このタイプの検測車です。

　一方、まったく別の測定法として、車両で測定された加速度を 2 回積分して変位を求め、これに特殊なデータ処理を行って 10 m 弦正矢法を出力する装置も開発されています。この装置はコンパクトで、営業車両の床下に取り付けることができ（**図 2.18**）、高頻度での軌道検測が可能になるという特徴があることから、近年、採用する事業者が増えています。

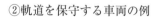
軌道検測装置

図 2.18　営業車両取付タイプの軌道検測
　　　　　装置（近畿日本鉄道）[4]

　2）レール探傷車

　レール内部の傷は、放置するとレール破断につながります。このため、超音波を用いた傷の検査が行われています。この方法は、レール頭部から内部に向かって超音波を発し、傷の部分で反射した波を検出するものです。これを連続的に行う車両が**図 2.19** のレール探傷車です。

図 2.19　レール探傷車（近畿日本鉄道）[4]

　②軌道を保守する車両の例

　1）マルチプルタイタンパ

　マルチプルタイタンパ（**図 2.20**、マルタイと略される）とは、バラスト軌道で発生した軌道変位を整正する車両で、バラストに振動を加えながらレールを持ち

上げ、まくらぎ下のバラストを締め固めるとともにレールを所定の位置に移動します。具体的には、マルタイは車内に図2.14のような弦を有し（ただし長さは10mより長く、中間の測定点は中央よりもやや後方にある）、中間の測定点と両端の測定点が一直線上となるように、バラストをつき固めながらレール位置を移動します。

（a）外観　　　　　　　　　　　（b）作業状況

図2.20　マルチプルタイタンパ（小田急電鉄）[2]

　一般的なマルタイは、まくらぎ1本当たり4組（左右レールの軌間内外）のタンピングユニットに各4本、計16本のタンピングツールを有しています。スイッチマルタイ（分岐器用マルタイ）では分岐器内の狭隘箇所のつき固めのため、一部のツールを上方に跳ね上げられる構造となっています。

　近年は、施工速度向上および作業環境改善のため、主要な作業装置が車体と独立して運動する構造となっている機種が増えています。この場合、作業装置は前進〜停止・つき固めを繰り返すのに対し、車体はほぼ定速で前進します。これにより1 000 m/h以上の施工速度を実現しています。

　2）レール削正車

　レール表面の微細な傷の除去によるレール損傷防止およびレール延命、あるいはレール表面凹凸の除去による騒音、振動の低減を目的として、レール表面の削正が定期的に行われます。レール削正には、レール削正車（**図2.21**）と呼ばれる専用の車両を用います。削正の原理と

図2.21　レール削正車（東急電鉄）

しては、砥石でレール表面を研磨するものと、カッターでレール表面を削るものとがあり、鉄道事業者の実情に応じて使用されています。

　マルタイやレール削正車による軌道整備作業は、国内の各地で毎晩のように行われており、鉄道の走行安全を支えています。

2.2　列車を支える構造物

2.2.1　構造物における安全確保の考え方

（1）安全確保のための鉄道技術基準の体系[3]

　本項では、列車の安全で安定した運行のために必要な、列車を支える構造物の設計や維持管理のための技術基準について説明します。

　1997 年 12 月、当時の運輸大臣は今後の鉄道技術行政のあり方について運輸技術審議会に諮問しました。これに対する答申として、1998 年 11 月に今後の鉄道技術行政において取り組むべき主要な施策のあり方が、以下のように示されました。

　「新技術の導入や個別事情を反映した技術的判断が可能となるよう、技術基準（省令等）は原則として性能を規定する。また、性能規定化した技術基準の内容を具体化・数値化したものを例示した解釈基準を併せて策定する。」

　この答申を受けて、1998 年 12 月に、運輸審議会鉄道部会の下に技術基準検討会が設置され、技術基準の性能規定化に関して、具体的な方針などについて検討するとともに、技術基準原案について審議されることとなりました。そして、2001 年 12 月に、「鉄道に関する技術上の基準を定める省令」（国土交通省令第 151 号）（以下、省令）が制定・公布され、性能規定化された鉄道の技術基準が示されるとともに、その後、解釈基準についても順次策定されることとなりました。

　鉄道の技術基準および解釈基準などは、一般に、**図 2.22** のように階層化された体系で示されます。法的な拘束力がある省令では、目的・性能要求が規定され、性能表現による要求水準や検証方法の具体的な内容については、省令の対象外となっています。そのため、省令等が鉄道事業者に正しく理解されるように、省令の解釈を法的な拘束を有さない「解釈基準」（鉄道局長通達）として、具体化、数

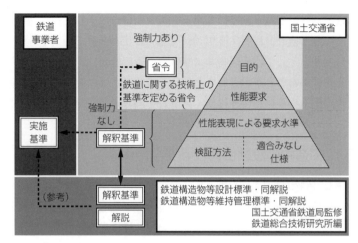

図2.22　鉄道技術基準における性能設計の階層

値化して明示されています。また、実務担当者の参考になるよう、国、（公財）鉄道総合技術研究所、鉄道事業者などの関係者が連携しつつ、解釈基準の設定の根拠や考え方などをまとめた「解説」を検討し、「解釈基準」と「解説」を併せる形で、鉄道構造物等設計標準・同解説や、鉄道構造物等維持管理標準・同解説として刊行されています。そして、鉄道事業者は、「第三条　実施基準」に示されるように、省令などに適合する範囲内でこれらを参考に「実施基準」を策定・届出を行い、これに基づき鉄道施設等の設計や維持管理等を行うこととなります。

（2）鉄道構造物等設計標準

　鉄道における土工、橋りょう、トンネルその他の土木構造物の設計にかかわる事項は、省令第24条「構造物」に、以下のように定められています。

　「土工、橋りょう、トンネルその他の構造物は、予想される荷重に耐えるものであって、かつ、列車荷重、衝撃等に起因した構造物の変位によって車両の安全な走行に支障を及ぼすおそれのないものでなければならない。」

　そして、この省令の解釈基準は、構造物の種類毎に策定された鉄道構造物等設計標準の通達によることが示されています。

（3）鉄道構造物等維持管理標準

　鉄道における土木構造物の維持管理については、省令第87条「施設及び車両の保全」、第88条「新設した施設、新製した車両等の検査及び試運転」、第89条「本

線及び本線上に設ける電車線路の巡視及び監視並びに列車の検査」、第 90 条「施設及び車両の定期検査」および第 91 条「記録」が定められています。そして、この省令の解釈基準として、構造物および軌道の維持管理は、鉄道構造物等維持管理標準の通達によることが示されており、その解説には、構造物の種類ごとに策定された鉄道構造物等維持管理標準・同解説を参考に、維持管理の方法などの計画を適切に定めることが示されています。

2.2.2　構造物の設計における安全確保

(1) 鉄道構造物の設計標準

　鉄道構造物は、車両を直接支える軌道の土台となるもので、土工、橋りょう、トンネルに分類されます。それぞれの構造物は、建設当時の最新の技術に基づく設計標準に従って、自重や列車荷重、あるいは地震時に作用する荷重で破壊しないように、あるいは構造物の変形によって列車の走行安全性が損なわれないように造られています。ここでは、鉄道構造物の設計における安全確保のしくみについて、設計標準に従って説明します。

　鉄道構造物の設計標準には、**表 2.2** に示すように、構造物の種類または用いられる材料に応じたものと、各構造物に共通した統一的な取り決めを定めたものがあります。

表 2.2 鉄道構造物の設計に適用される設計標準一覧

設計標準名	制定・改訂年	略　称
鉄道構造物等設計標準・同解説（土構造物）	2013	土構造標準
鉄道構造物等設計標準・同解説（土留め構造物）	2012	土留め標準
鉄道構造物等設計標準・同解説（コンクリート構造物）	2004	コンクリート標準
鉄道構造物等設計標準・同解説（鋼・合成構造物）	2009	鋼・合成標準
鉄道構造物等設計標準・同解説（鋼とコンクリートの複合構造物）	2016	複合標準
鉄道構造物等設計標準・同解説（基礎構造物）	2012	基礎標準
鉄道構造物等設計標準・同解説（開削トンネル）	2001	開削標準
鉄道構造物等設計標準・同解説（シールドトンネル）	2002	シールド標準
鉄道構造物等設計標準・同解説（都市部山岳工法トンネル）	2002	山岳標準
鉄道構造物等設計標準・同解説（耐震設計）	2012	耐震標準
鉄道構造物等設計標準・同解説（変位制限）	2006	変位制限標準

　構造物の種類については、土工を対象にした土構造標準、土留め標準、橋りょうを対象にしたコンクリート標準、鋼・合成標準、複合標準、基礎標準、トンネルを対象にした開削標準、シールド標準、山岳標準があります。これらの設計標準のうち、用いられる材料別に橋りょうを主な対象としたコンクリート標準、鋼・合成標準、複合標準があります。

　また、各設計標準を横断した統一的な取り決めとして、地震による構造物の破壊を防ぐための耐震標準と、列車走行や地震による構造物の変位・変形を抑え、列車の走行安全性を確保するための変位制限標準があります。

(2) 従来の設計法における安全確保

　設計標準の設計法として、許容応力度設計法が永く用いられてきました。許容応力度法では、構造物の安全性を確保するために、材料に発生する応力度が材料の強度から定まる許容応力度を下回るように設計します。この設計の考え方は明快ですが、設計において考慮すべき列車荷重の大きさや、材料強度のばらつきなどの不確定要素を、すべて材料の安全率として見込んでいることなどに課題がありました。

　その後、1978年にヨーロッパで新たな設計法として限界状態設計法が提案されました。この設計法では、構造物の安全性は、その目的を達しなくなる状態、すなわち破壊などの限界状態に達するか否かを直接判定することによって確保します。1992年に改訂されたコンクリート標準では、限界状態を、終局限界、使用限界、疲労限界の三つの状態に区分し、安全性を確保しています。限界状態設計法では、荷重、構造解析の誤差、材料強度などの不確定要素などをそれぞれ個別の安全係数として扱う、いわゆる部分安全係数を用いて、合理的に安全確保ができることが大きな特長です。

(3) 性能照査型設計法における安全確保

　鉄道構造物の設計においては、特定の仕様、寸法、方式などを省令などにより定めるいわゆる仕様規定が用いられてきましたが、前項でも述べたとおり2001年に性能規定型の技術基準として「鉄道に関する技術上の基準を定める省令」（国土交通省令第百五十一号）が制定されました[3]。これにより、鉄道事業者は安全性を確保しつつ、技術的自由度を拡大することが可能になりました。

　2004年に改訂されたコンクリート標準では、1995年の兵庫県南部地震を契機とした耐震設計法の進歩、1999年の山陽新幹線福岡トンネルにおけるコンクリー

ト片の落下事故によるコンクリートの耐久性の社会問題化などを背景とした最新の設計技術とともに、土木構造物の設計標準に初めて性能照査型設計法が導入されました。性能照査型設計法では、構造物に求められる性能として、安全性、使用性、復旧性の三つの性能が定義されています。

　安全性は、想定されるすべての荷重のもとで、構造物が使用者や周辺の人の生命を脅かさないために保有すべき性能になります。具体的には、疲労を含む構造物の破壊、列車の走行安全性、コンクリートの剥落などに対する公衆の安全性です。

　使用性は、想定される荷重のもとで、使用者や周辺の人が快適に構造物を使用するための性能、および構造物に要求される諸機能に対する性能になります。具体的には、乗り心地、構造物の外観などです。

　復旧性は、想定される荷重のもとで、構造物が損傷を受けない場合、または受けた場合に性能回復が容易に行えるための性能とし、次の二つの性能レベルを設定しています。

　　・性能レベル1：機能は健全で補修をしないで使用可能な状態
　　・性能レベル2：機能が短時間で回復できるが、補修が必要な状態

表2.3 要求性能と性能項目・照査指標（コンクリート標準の例）

要求性能	性能項目	照査指標の例	考慮する荷重など
安全性	破壊	力、変位・変形	・設計耐用期間中に生じるすべての荷重などおよびその繰返し ・発生頻度は少ないが影響の大きい偶発的な荷重など
	疲労破壊	力、応力度、繰返し回数	
	走行安全性	変位・変形	
	公衆安全性	中性化深さ、塩化物イオン	
使用性	乗り心地	変位・変形	・設計耐用期間中に比較的しばしば生じる大きさの荷重など
	外観	ひび割れ幅、応力度	
	水密性	ひび割れ幅、応力度	
	騒音・振動	騒音レベル、振動レベル	
復旧性	損傷	変位・変形、力、応力度	・設計耐用期間中に生じる荷重など ・発生頻度は少ないが影響の大きい偶発的な荷重など

※7　構造物の変位、変形などを生じさせる力や化学変化、温度変化などを総称して「作用」と呼びます。
　　作用の主なものは自重や列車荷重、地震力などの力ですので、ここでは「荷重など」と記しています。

　一般には、通常の使用状態で上記の性能レベル1を満足することとし、地震の影響を受ける場合には、性能レベル1または2を満足するか否かについて設計します。

　要求性能ごとの性能項目、照査指標の例ならびに考慮する荷重など※7 を**表 2.3**に示します。

(4) 耐久性に関する安全確保

　鉄道構造物の設計耐用年数は非常に長く、一般に100年を目安とします。構造物の性能は経年により低下するため、本来、上記の三つの要求性能は構造物の耐久性を考慮する必要があります。しかし、例えば、コンクリート構造物の場合、現状では鉄筋の錆の進行が精度よく予測できず、また、ライフサイクルコストの観点から、補修を前提とする設計は望ましくありません。そこで、コンクリート標準では、コンクリートの性能を低下させる塩分や二酸化炭素などの外部因子がコンクリート中に浸透し、鉄筋を錆びさせないように、コンクリート表面から鉄筋までの距離（かぶり）を十分に確保することによって、安全性を確保しています。

　前述したように、1999年6月に山陽新幹線福岡トンネルにおいてコンクリートの落下事故が発生しました。その事故を受けてコンクリート構造物の耐久性に関する研究が進められ、2004年のコンクリート標準改訂の際に反映されました。具体的には、セメントの種類やコンクリートの配合、構造物の環境条件に応じて、最適なかぶりを算定する設計法が取り入れられました。この結果、構造物の耐久性が飛躍的に向上し、より高いレベルでの安全性が確保されるようになりました。

(5) 地震に関する安全確保

　兵庫県南部地震を踏まえて、1999年に耐震設計標準が制定されました。この地震では、**図 2.23**に示すようなラーメン高架橋柱のせん断破壊や桁の落橋の被害が数多く発生し、JRの全線復旧に約3か月の期間を要しました。このような被害を受け、高架橋柱の設計においては、地震時に壊滅的な被害をもたらすせん断破壊を防ぎ、比較的損傷が軽微な曲げ破壊を生じさせ、地震のエネルギーを吸収する設計法が導入されました。この結果、

図2.23　兵庫県南部地震における被害例5)

構造物には冗長性や頑健性が確保され、設計で想定していない巨大地震に対しても、被害を最小限に抑えられるようになりました。一方、既設の構造物で、耐震性が劣るものが数多くあったため、この地震以降、精力的に耐震補強工法の開発が進められ、補強設計法の整備とともに、補強工事が実施されました。この結果、既設構造物においても、新設構造物と同様の安全性が確保されるようになりました。

(6) 列車走行に関する安全確保

　常時および地震時の走行安全性や良好な乗り心地を実現するための設計法として、2006年に変位制限標準が制定されました。制定の直前に、図 **2.24** に示す営業中の新幹線が初めて脱線した新潟県中越沖地震が発生したことを受け、変位制限標準では、常時において、車両が安全かつ快適に走行できる構造物を設計すること、地震時において、走行安全性に有利な構造物を設計することとされていま

図2.24　新潟県中越沖地震における被害例[6]

す。巨大地震に対しては、構造物の設計のみでは、安全確保が困難な場合もあることから、車両や軌道を含めた鉄道システム全体として、リスク低減を図る必要性が示されました。

2.2.3　構造物の維持管理による安全確保

(1) 性能規定型の維持管理

　構造物の維持管理の歴史を振り返ると、1965年以前の維持管理は、何か問題が発生してから対処することを基本とする事後保全が主流として行われてきていました。しかしながら、第２次世界大戦により構造物の荒廃が進み、災害・事故の発生件数が現在と比べものにならないほど多く生じたことを契機に、検査によって問題が発生する前に対処するという予防保全の維持管理が採用され、事故の件数を激減させることができました。

　構造物の維持管理は、現在でもこの予防保全を基本として行われていますが、これにくわえて近年では、2007年に通達された鉄道構造物等維持管理標準[7]（以

下、維持管理標準）に基づき、構造物が要求性能を満足しているかどうかを検査により確認し、必要に応じて措置し、記録を行うという性能規定型の維持管理を行っています。ここでいう要求性能としては、「列車が安全に運行できるとともに、旅客、公衆の生命を脅かさないための性能（安全性）」を設定することとしており、必要に応じて適宜「使用性や復旧性」を設定することとしています。

なお、維持管理標準は構造物の種別によらず共通の内容となっていますが、書籍としては設計標準と同様に、構造物の種別や用いられる材料に応じて解説が付け加えられた分冊となっています（**表2.4**）。以降、維持管理標準に示される性能の確認方法や、検査の種別などについて記します。

表2.4　鉄道構造物に適用される維持管理標準（構造物編）一覧

維持管理標準名	制定年
鉄道構造物等維持管理標準・同解説（コンクリート構造物）	2007
鉄道構造物等維持管理標準・同解説（鋼・合成構造物）	
鉄道構造物等維持管理標準・同解説（基礎構造物・抗土圧構造物）	
鉄道構造物等維持管理標準・同解説（盛土・切土）	
鉄道構造物等維持管理標準・同解説（トンネル）	

(2) 性能の確認と健全度の判定

性能の確認には、性能項目の照査のほか、変状原因の推定や変状の予測を含めて総合的な評価が必要であるため、**図2.25**に示すような考え方で検査することとしています。まず、変状の抽出を主な目的として目視を基本とした調査を行います（全般検査）。次に、調査により抽出された変状のうち、性能を低下させている程度が比較的大きな変状については詳細な調査を行い、その情報に基づき変状原因の推定や変状の予測、さらに性能項目の照査を行います（個別検査）。それらの結果をもとに健全度を判定し、構造物が要求性能を満足しているかどうかを確認します。

健全度の判定区分は、各構造物の特性等を考慮して定めることを基本としていますが、**表2.5**に示すA（AA、A1、A2）、B、C、Sの区分によることを標準としています。また、前述の全般検査および個別検査を含む維持管理全体は、この健全度の判定をもとに、**図2.26**に示されるフローで実施されます。

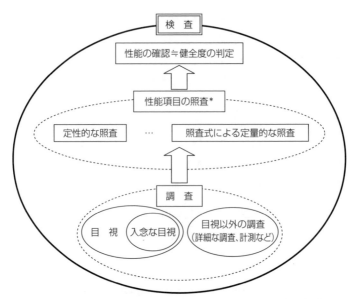

*全般検査においては主に目視による調査が行われ、健全度が判定される。変状がないか軽微である場合には、そのことをもって構造物が所要の性能を有するとみなされ、性能の確認がなされる。したがって、全般検査における目視は、安全性に関する性能項目（部材の破壊、基礎の沈下、傾斜など）を定性的に照査している行為と考えることができる。また、個別検査などにおいては、性能項目の照査を詳細に実施することになる。性能項目を詳細に照査する方法としては、入念な目視などに基づく定性的な照査、あるいは照査式による定量的な照査などがある。

図 2.25　維持管理における検査の考え方[7]

表 2.5　構造物の状態と標準的な健全度の判定区分[7]

健全度		構造物の状態
A		運転保安、旅客および公衆などの安全ならびに列車の正常運行の確保を脅かす、またはそのおそれのある変状等があるもの
	AA	運転保安旅客および公衆などの安全ならびに列車の正常運行の確保を脅かす変状などがあり、緊急に措置を必要とするもの
	Al	進行している変状などがあり、構造物の性能が低下しつつあるもの、または、大雨、出水、地震などにより、構造物の性能を失うおそれのあるもの
	A2	変状などがあり、将来それが構造物の性能を低下させるおそれのあるもの
B		将来、健全度 A になるおそれのある変状などがあるもの
C		軽微な変状などがあるもの
S		健全なもの

注：健全度 Al、A2 および健全度 B、C、S については、各鉄道事業者の検査の実状を勘案して区分を定めてもよい.

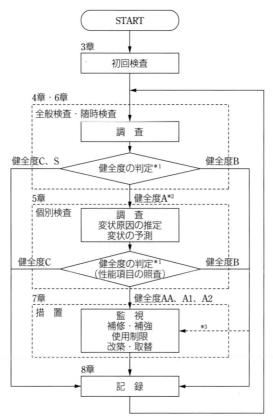

*1 健全度については、「2.5　検査」参照
*2 健全度AAの場合は緊急に措置を講じたうえで、個別調査を行う。
*3 必要に応じて、監視などの措置を講じる。

図 2.26　構造物の標準的な維持管理の手順[7)]
（章・節の番号は、文献 7) 内でのもの）

(3) 検査の区分

　維持管理標準では対象とする構造物に対し調査を行い、その結果に基づいて健全度判定を行うまでの一連の行為を「検査」と定義しています。検査は、初回検査、全般検査、個別検査および随時検査に区分されます。そのうち、全般検査は、通常全般検査と特別全般検査に区分されています。

　（a）初回検査

　新設構造物、改築・取替を行った構造物を対象に、構造物の初期の状態を把握することを目的として実施する検査です。構造物が供用される前に実施されます。

　（b）全般検査

　構造物の状態を把握し、健全度の判定を行うことを目的として、定期的に実施する検査です。全般検査はさらに通常全般検査と特別全般検査に区分されます。通常全般検査は、構造物の変状などの有無およびその進行性などを把握することを目的として実施する検査で、調査方法は目視を基本としています。特別全般検査は、健全度の判定の精度を高めることを目的として、通常全般検査の代わりに実施するもので、その時期は、構造物の特性、環境に応じて定めます。調査方法は入念な目視のほか、必要に応じて計測機器などを用いて実施します。

　全般検査の周期は、「施設および車両の定期検査に関する告示」において2年であることが示されています。ただし、特別全般検査を行ったうえで構造物が所要の性能を有していることを確認できた場合は、一部の構造物を除いて全般検査の周期は延伸することができます。

　（c）個別検査

　全般検査および随時検査の結果、健全度が A と判定され詳細な検査が必要となった構造物に対して、精度の高い健全度の判定を行うことを目的として実施する検査です。ここでいう精度の高い健全度の判定とは、変状原因の推定、変状の予測、および性能項目の照査に基づいて総合的に実施するものを指します。

　（d）随時検査

　地震や大雨などにより、変状の発生もしくはそのおそれのある構造物を抽出することを目的に実施する検査です。調査は、目視を主体に行うこととなりますが、必要に応じて機器を用いて行います。

（4）措置

　健全度判定区分に基づいて何らかの措置を行うこととなった場合、その方法には監視、補修・補強、使用制限、改築・取替があり、これらの一つ、あるいは複数を組み合わせて選定することとなります。実際には、構造物の健全度、重要度、施工性、経済性などを考慮して措置を選定しますが、健全度に応じた措置の種類と時期は以下のとおりです。

　AA 判定となった構造物は、運転保安、旅客および公衆などの安全ならびに正

常運行の確保を脅かす変状があるため、直ちに使用制限などの措置を講じます。A1 または A2 判定となった構造物は、早急あるいは適切な時期に措置を講じます。B 判定となった構造物は、将来 A 判定となるおそれがあるため、必要により監視などの措置を講じます。S または、C となった構造物は変状がないかあっても軽微であるため、一般に措置は行いません。

(5) 記録

　検査および措置の記録は、構造物が過去にどのような履歴を有していたかを正確に把握し、その後の維持管理を適切に行っていくための基礎資料となります。したがって、検査や措置を行った後は、必要な内容について速やかに記録を作成し、それを保存します。

2.3 自然災害への備え

2.3.1 地震への備え

　地震が起こると構造物の破壊や列車の脱線など、さまざまな災害が発生することがあります（**図 2.27**）。

　構造物が破壊されないようにする安全対策は、新設の構造物に対する耐震設計

図 2.27　地震災害の例[8]

と既存の構造物に対して補強を行う耐震補強に分けることができますが、ここでは耐震補強について概説します。耐震補強が進められるようになったのは、1995年の兵庫県南部地震により旧耐震設計標準で設計された構造物が甚大な被害を受けてからです。この地震以降、高架橋などの構造物では鋼板や鋼棒を柱に巻きつけて補強することで耐震性能を高める対策（**図 2.28**）が行われています。また、2004年の新潟県中越沖地震では、営業中の新幹線が初めて脱線したことから、レールの内側にガードレールなどを敷設して脱線を防止する対策や台車の下部に逸脱を防止するためのストッパを取り付ける対策などが進められています。さらに、首都直下地震などの懸念も高まっていることから、2005年からは鉄道駅の耐震補強も進められています。

リブバー（鋼棒）補強

図 2.28　耐震補強（リブバー補強）の例[9]

　一方で、地震発生時には迅速に列車を減速、停止させるソフト面での対策も行われています。具体的には、新幹線や一部の在来線において上記を可能とするためのシステム（**早期地震防災システム**（**図 2.29**）といいます）が導入されています。このシステムでは、被害を与える大きな振幅をもつ地震の主要動（S波といいます）よりも小さな振幅で速い速度で伝播する初期微動（P波といいます）を捉えて、この波形から地震諸元（震央位置やマグニチュード）を計算し、鉄道への影響を即座に推定することで、しきい値を超えた場合には極力早いタイミングで列車を停止させます（**図 2.30**）。

(a) 地震観測所の例

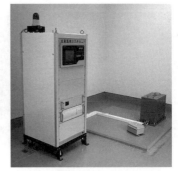

(b) 地震計とシステムの設置
（観測所内部）の例

図2.29　早期地震防災システムの設置例[10]

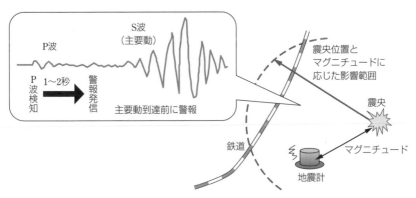

図2.30　初期微動（P波）による運転規制の原理[11]

2.3.2　落石への備え

　落石は雨水の浸透や侵食、凍結融解などにより地山の風化が進行し、斜面表層の岩塊が不安定化して落下する現象です（**図2.31**）。小さな落石でも線路に到達した場合にはこれに乗り上げることによって列車が脱線する危険性があります。また、必ずしも豪雨時や強風時に発生するものではないために、観測した降雨量や風の強さで列車の運行を規制することのみでは列車の安全を確保することができない点に注意が必要です。

　落石の対策工は、発生源での対策（落石予防工といいます）と発生源と線路の

図2.31　落石の例[12]

落石検知装置（赤線）

図2.32　落石止柵と落石検知装置の例[13]

中間地帯や線路際で採られる落石から列車の安全を守る対策（落石防護工といいます）に大別されます。落石の発生源が線路から近い用地内である場合には落石予防工を、線路から遠く離れた用地外である場合には落石防護工を主に選択しています。落石予防工としては、浮き石整理、根固め工、ロックアンカーなどがあります。落石防護工としては、落石止柵（**図2.32**）、落石止擁壁、落石覆などがあります。これらの対策を実施するための参考資料として、文献14）に示すマニュアルがあります。

　また、落石が線路に入ったことを検知する落石検知装置が敷設されている箇所もあります。災害の検知にはさまざまな方法がありますが、落石に対して過去から最も一般的に利用されているものは破断式検知装置です。この装置は支柱間に渡された複数の導線（図2.32）、導線につなげられた警報装置で構成されます。導線は通常通電されており、落石によりこの導線が断線して導線を流れる電流が遮断されることで警報装置が作動して、列車の進入を抑止し、安全を守るしくみとなっています。

2.3.3　強風への備え

　強風災害は**表2.6**に示すように多種多様ですが、「列車の転覆」（**図2.33**）と、飛来物の架線への垂れ下がりや倒木など「線路設備自体の機能阻害」に大別することができます。この中で「列車の転覆」がひとたび発生すると甚大な災害となることから、主としてこの災害を防止する対策がとられています。

　設備による代表的な対策としては、直接の原因である風を弱めるための防風柵や防風壁があげられます（**図2.34**）。こうした防風設備の設置検討を行う際には

表2.6　鉄道における主な強風災害[15]

災害の種類	鉄道への被害	メカニズム
列車の脱線転覆事故	車両の脱線、横転、転落	空気力による車両の横転
電車の集電阻害	電車や電気機関車のパンタグラフ（架線の切断も伴うことあり）	強風による架線の風下変位と振動
飛来物	架線への垂れ下がり、線路支障	構造物の耐風強度不足
倒　木	先頭車両への衝撃、脱線	強風による樹幹の折損、あるいは根むくれ
飛　砂	線路支障、軌道回路	強風による砂粒子の浮遊、転動
吹　雪	吹きだまりによる線路支障 視程障害	強風による雪粒子の浮遊
越　波	道床の流出、車両の電気系統故障、架線電圧の短絡	強風による大波と高潮
施設や構造物の破壊	電車線柱の損壊、防風柵、防音壁の損壊、駅舎あるいは上屋の損壊	耐用限界を超える暴風あるいは飛来物による施設および構造物の破壊

第2章　軌道・構造物　〜列車の走行と安全を支える〜

図2.33　強風による列車転覆災害の例[16]

図2.34　防風柵の例

「防風設備の手引き」[17]が参考にされます。

　また、強風時における列車の安全を確保するために、明治時代から列車の運行を規制する措置（強風時の運転規制）が行われています。現在のJRの在来線では、全国平均で約20kmに1か所の割合で風速計が設置され、風観測による運転規制を行うことで、安全を確保しています。強風時の運転規制の基本的な考え方は、①風が強くなったら列車の運行を見合わせる、②風が弱まり異常がなければ運行を再開する、というものです。一般的には、前述した風観測で用いている風速計の指示値（瞬間風速といいます）があらかじめ定めた規制基準値に達すると

徐行や運転中止の措置を行います。また、風が弱まった（基準を超える強風が再度発生しない）と判断するための最低の時間長さは、15分間または30分間とすることが多いです。こうした強風時の運転規制を行うための風観測を検討する際には「風観測の手引き」[18]が参考にされます。

2.3.4　降雨への備え

降雨により発生する主な自然災害として、斜面崩壊によるもの（**図2.35**、土砂災害といいます）と、河川を横断する橋梁において増水により橋脚の基礎部分が侵食されることによるもの（**図2.36**、洗掘災害といいます）があげられます。これらは鉄道の安全を脅かすもので、以下のような安全への取り組みを行っています。

図2.35　土砂災害の例[19]

図2.36　洗掘災害の例[20]

（1）土砂災害

鉄道沿線には、鉄道を敷設するために構築された斜面（土を盛ることで構築された斜面を盛土、自然斜面を切り取ることで構築された斜面を切土といいます）と自然斜面が存在します。盛土や切土に対しては崩壊そのものを防止することを目的として、表面をコンクリート系の材料で覆うなどののり面工が施工されています（**図2.37**）。こうした盛土や切土の安全対策は、設計標準[22]を作り万全を期

しています。自然斜面に対しては、崩壊により発生した土砂が線路に到達することを防止することを目的として、コンクリート製の壁（擁壁といいます）などが線路のすぐ脇に施工されています。

図2.37　のり面工（吹付枠工）の例[21]

　豪雨時における列車の安全を確保するには適切な運行規制も重要ですが、列車の運行を規制する措置（降雨時の運転規制）は明治時代から行われています。現在のJRでは、沿線の概ね10〜20 kmごとに雨量計を配置して雨量観測を行い、運転規制に利用しています。雨の量の表し方（雨量指標といいます）は、観測を区切る時間（1時間や1日など）により異なります。土砂災害は短時間に集中的に降る場合や長期間に渡って降る場合などさまざまな雨のパターンで発生しますので、降雨時運転規制では多くの場合、短期の雨量指標と長期の雨量指標を組み合わせて災害に備えています。

(2) 洗掘災害

　豪雨時の増水により橋脚の基礎部分が侵食されると橋脚が流され、重大な事故につながる恐れがあります。このため洗掘を防止する対策（洗掘防護工といいます）として、①橋脚付近の河床に重量物を設置する工法（根固め工、**図2.38**）、②橋脚の周囲を囲み洗掘が進んでも転倒しないようにする工法（はかま工、シートパイル工など）、③河床全体を覆うあるいは橋梁の下流側に堰を設けて土砂を堆積させる工法（張コンクリート工、床止め工など）の三つに区分される方法を駆使して対応しています。これらの対策についても、維持管理標準[24]としてまとめられています。

図2.38　根固め工の例[23]

　増水により洗掘が発生しても列車が橋梁に入線しないことで被害を免れる対策として、河川増水時の運転規制があります。この運転規制は、主に河川橋梁箇所の水位を基準として実施されているのが一般的です。あらかじめ洗掘の災害が懸

念される橋脚に**図 2.39** に示すように桁
下から河川水位までの高さと規制水位が
わかるようにしておき（量水標といいま
す）、河川水位が規制水位に達したとき
に運転規制を行います。また、洗掘など
による橋脚の転倒が懸念される場合に
は、あらかじめ橋脚の天端に傾斜計を設
置して橋脚の傾斜をモニタリングするこ
ともあります。このような対策が、自然
災害から鉄道の安全を守っているのです。

図 2.39　量水標の例[25]

2.3.5　雪（雪氷）への備え

　鉄道は線路や電車線などの地上設備や信号設備、線路を走る車両など多くの要

表 2.7　鉄道における雪氷災害の分類（文献 27）に加筆）

現　象	雪害の例
降雪	視程障害による信号機の確認不良
積雪 ・軌道上の積雪 ・地上構造物（冠雪） ・樹木（冠雪） ・車上（冠雪）	走行不能 建物など・構造物の倒壊・破損 信号機・車両機器・分岐器の機能低下 構造物からの冠雪落下による事故 樹木・竹の倒伏による線路支障や架線の切断 集電障害
雪崩（なだれ）	脱線転覆、構造物の損壊
吹雪（ふぶき） 吹きだまり	走行不能 分岐器の機能低下
着雪、着氷	架線・電線の切断 架線柱・鉄塔の倒壊 碍子の破壊 車両床下着雪落下による沿線被害・車両故障 集電障害、架線溶断
凍結・融解	凍上による線路の不均等高低発生、建物の下部破壊 トンネル覆工の破壊 軌道・電気設備の障害 斜面崩壊

素によって構成されます。雪氷の現象もさまざまであることから、鉄道が被る雪氷災害の種類は広範囲となります。代表的な雪氷災害の種類を**表2.7**に示しますが、直接的、間接的な原因から、①降雪そのものによる視程不良、②長期的および広域的な積雪や地上や車上の設備への冠雪、③雪崩、④吹雪・吹きだまり、⑤地上や車上の設備への着雪や着霜、⑥冬季の凍結および春先の融解に分類することができます。上記のうち、雪崩や融雪による斜面崩壊など突発的に発生する事象は、施設への被害に留まらず、列車の脱線転覆など直接安全を脅かす要因となることがあります。

　このように鉄道の雪氷災害は広範囲にわたるため個々の対策もさまざまですが、ハード対策（**図2.40**[27]）としては雪処理用の機械、設備の設置、車両の強化などがあげられ、具体的には軌道上の積雪を除雪するための除雪車両や雪を融かすための散水消雪設備、積雪や列車からの落雪が生じた際にも分岐器を正常に機能させるためのヒーター、温水・エアジェット、雪崩から車両や設備を防護するためのスノーシェッド（雪崩覆）や雪崩防護柵など（**図2.41**）があります。ソフト対策（図2.40）としては雪処理手順など実務上のノウハウがあり、具体的には冬季ダイヤ、線路の除雪作業、地上設備や車両の着雪の除去作業、沿線の警備や

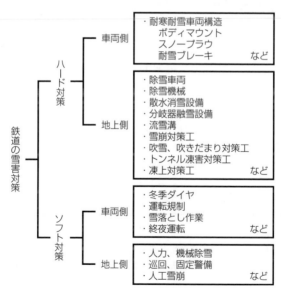

図2.40　鉄道の雪害対策[27]

運転規制などがあります。これらのハード対策・ソフト対策が列車の安全・安定輸送を支えているのです。

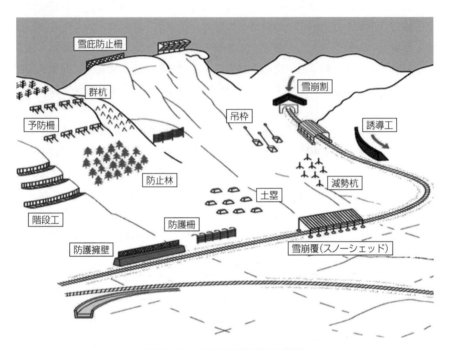

図 2.41　主要な雪崩対策工の例[28]

【参考文献】
1 ）　JIS E 1101：普通レール及び分岐器類用特殊レール（2001）
2 ）　小田急電鉄株式会社：安全報告書 2020、p.28（2020）
3 ）　国土交通省鉄道局監修：解説「鉄道に関する技術基準（土木編）」、日本鉄道施設協会（2002）
4 ）　近畿日本鉄道株式会社：安全報告書 2020、p.17（2020）
5 ）　公益財団法人鉄道総合技術研究所：兵庫県南部地震鉄道被害調査報告書、鉄道総研報告特別号（1996）
6 ）　運輸安全委員会：鉄道事故調査報告書 RA2007-8（2007）
7 ）　公益財団法人鉄道総合技術研究所：鉄道構造物等維持管理標準・同解説（構造物編）、丸善（2007）
8 ）　鉄道総合技術研究所 鉄道技術推進センター：事故に学ぶ鉄道技術（災害編）、p.140、鉄

道総合技術研究所（2012）

9） 近畿日本鉄道株式会社：安全報告書 2020、p.19（2020）

10） 鉄道総合技術研究所 鉄道技術推進センター：事故に学ぶ鉄道技術（災害編）、p.168、鉄道総合技術研究所（2012）

11） 鉄道総合技術研究所 鉄道技術推進センター：事故に学ぶ鉄道技術（災害編）、p.167、鉄道総合技術研究所（2012）

12） 鉄道総合技術研究所 鉄道技術推進センター：事故に学ぶ鉄道技術（災害編）、p.94、鉄道総合技術研究所（2012）

13） 鉄道総合技術研究所 鉄道技術推進センター：事故に学ぶ鉄道技術（災害編）、p.90、鉄道総合技術研究所（2012）

14） 公益財団法人鉄道総合技術研究所：落石対策技術マニュアル（2019）

15） 荒木啓司：鉄道における強風災害とその対応、JSSC、No.18、pp.24-25（2014）

16） 鉄道総合技術研究所 鉄道技術推進センター：事故に学ぶ鉄道技術（災害編）、p.108、鉄道総合技術研究所（2012）

17） 鉄道強風対策協議会：防風設備の手引き（2006）

18） 鉄道強風対策協議会：風観測の手引き（2006）

19） 鉄道総合技術研究所 鉄道技術推進センター：事故に学ぶ鉄道技術（災害編）、p.16、鉄道総合技術研究所（2012）

20） 鉄道総合技術研究所 鉄道技術推進センター：事故に学ぶ鉄道技術（災害編）、p.60、鉄道総合技術研究所（2012）

21） 小田急電鉄株式会社：安全報告書 2020、p.24（2020）

22） 国土交通省鉄道局監修、鉄道総合技術研究所編：鉄道構造物等設計標準・同解説　土構造物（平成 25 年改編）、丸善（2013）

23） 京阪電気鉄道株式会社：安全報告書 2020、p.26（2020）

24） 国土交通省鉄道局監修、鉄道総合技術研究所編：鉄道構造物等維持管理標準・同解説　土構造物（盛土・切土）、丸善（2007）

25） 鉄道総合技術研究所 鉄道技術推進センター：事故に学ぶ鉄道技術（災害編）、p.56、鉄道総合技術研究所（2012）

26） 村上温、野口達雄監修：鉄道土木構造物の維持管理、日本鉄道施設協会、p.518（1998）

27） 飯倉茂弘：鉄道の雪害と防止策、RRR、No.63、Vol.7、p.40、鉄道総合技術研究所（2006）

28） 鉄道総合技術研究所　鉄道技術推進センター：事故に学ぶ鉄道技術（災害編）、p.124、鉄道総合技術研究所（2012）

第2章

軌道・構造物　〜列車の走行と安全を支える〜

第3章

車両
～快適さと安全を提供する鉄道の象徴～

鉄道の楽しさや魅力の象徴の一つは車両ですが、そこにも数々の配慮があります。本章では、保安システムでの安全確保方法以外で、乗客が出発地から目的地まで利用する車両の安全に関する対策を中心に紹介します。第一に、車内の乗客が危険な状態にあわないための対策があり、さらに、万一危険な状態になったときの対策があります。車両内の乗客の安全を守る車両設備、客室の乗客から乗務員への連絡設備、乗客への情報伝達設備、異常時における車両からの避難手段などです。また、運転士に対する支援システム、自然災害に対しての車両や車両基地での対処方法なども含めて触れます。

3.1 鉄道車両の特徴

　鉄道車両は、車種として旅客車、貨車、機関車、事業用車に分類されます。また、走行するための動力源の違いによる電気車（電車、電気機関車）、ディーゼル車（気動車、ディーゼル機関車）、蒸気機関車などの分類、用途によって食堂車、寝台車、荷物車などの分類、接客設備の違いから普通車、グリーン車との分類もあります。一方、動力をもたない車両として、客車と貨車があり、貨車の場合には輸送する貨物の種類の違いから、有がい車（屋根のある貨車）、無がい車（屋根のない貨車）、ホッパ車、タンク車などに分類されています。近年は無がい車の中でもコンテナ車が多くなっています。また、ディーゼルエンジンで発電した電気をバッテリーへ充電しその電気エネルギーを使ってモータを回転させるハイブリッド車両、貨物車で電気動力を個別にもった貨物電車などもあります。

　鉄道車両は設定された線路の上しか走行できませんし、自動車のように障害物を避けるためにハンドルを切ることもできません。ブレーキをかけて停まることしかできません。

　また、車輪の内側部につばのようなフランジがあるため、走行時にはこのフランジが 2 本の鉄レールに案内され（**図 3.1** 参照）、車輪が線路から外れること（脱線）のないようになっています。

　車輪とレールは鉄どうしですので滑りやすく、加速や減速のための力が強過ぎた場合かレールに水滴、積雪、落葉などがあると、車輪が空転・滑走しやすいた

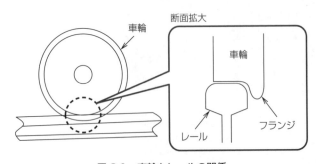

図 3.1　車輪とレールの関係

め、ブレーキ力や加速力は一定の範囲内の力としています。それでも空転・滑走が生じたときは、自動的に検知して一時的に力を弱めることにしています。しかし、ゴムタイヤを使用している自動車のように強い力での加速・減速はできません。

　鉄道車両を動かす動力源は、電力、ディーゼル機関、バッテリーなどですが、具体的に動くまでのシステムとして、電車の場合を説明しますと、屋根上方の電車線（トロリ線）に高圧の電気（直流1 500 V、交流20 kV、25 kV など）が供給され、車両屋根上のパンタグラフでその電力を取り込み（集電）、電力変換装置（制御器＋抵抗器で電圧の調整、

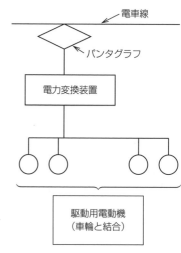

図 3.2　電車が駆動するしくみ

VVVF※1インバータ制御装置で電圧と周波数の調整などをする装置）を経由して車輪と機械的に結合している駆動用電動機を回転させることで電車は動くことになります（**図 3.2** 参照）。

　実際には、電動機の回転数が電車の速度になりますので、電動機の回転数を電気的に制御して速度を変化させます。また、電動機の種類としては、直流電動機または三相交流電動機が使われています。

　鉄道車両を減速・停止させるためのブレーキの種類としては、電動機を使用した電気ブレーキと、車輪をシューで押さえてかける機械的ブレーキとがあります。電気ブレーキでは、発生した電力を抵抗器で熱として排出する方法と、電車線側へ戻す方法、車両に搭載しているバッテリーの充電をする方法でブレーキ（回生ブレーキ）をかけるしくみなどがあります。また、ブレーキの機能としては、通常の運転において使用するブレーキ（常用ブレーキ）と障害物を見つけたときや信号に応じて非常時に使用するブレーキ（非常ブレーキ）があります。信号で示された速度以下での走行中に、信号条件の変更があり速度がオーバーした場合には、減速程度を考慮したブレーキ力が自動または手動で作用することにな

※1　VVVF：可変電圧可変周波数（Variable Voltage Variable Frequency）

ります。降雪時にはブレーキの効きが悪くなるため、3.2.3 項で説明している耐雪ブレーキなどを使用しています。

　鉄道車両の場合は、力を加えない状態で平坦な線路を走行しているとなかなか速度が低下しません。これは走行しているときの抵抗（走行抵抗）が小さいためです。このため、走行に必要とするエネルギーも少なくてすむので、省エネルギーの乗り物となっていますが、停止させるには何らかのしくみが要ります。

　乗客にとって大きな危険となる事故としては、衝突、脱線、転覆、火災などがありますが、車両自体での対策とともに地上設備と連携した対策によって危険性を排除するしくみとしています。

　また、乗客が快適に移動時間を過ごしていただくため、乗り心地（振動、騒音、気温、照明など）よく、充実した車内サービスの提供とともに、乗務員が車内状況を知ることができ、乗客からは急病人発生時などに乗務員へ連絡する方法などを用意している場合もあります。

3.2 車両での安全確保方法

3.2.1 列車の安全確保方法

（1）運転状況の把握（運転状況記録装置）

　2005 年 4 月に発生した福知山線における列車脱線事故を受けて設置された「技術基準検討委員会」の中間とりまとめを踏まえ、「鉄道に関する技術上の基準を定める省令」などの一部が改正され、2006 年 7 月に施行されました。この改正では、曲線部などへの速度制限機能付き自動列車停止装置（ATS）、運転士異常時列車停止装置、運転状況記録装置の設置が新たに義務づけられました。

　この運転状況記録装置とは、列車の速度やブレーキの動作状況などの運転状況を記録する装置のことであり、明記されている記録項目として次のようなものがあります。

・列車の運転に関する基本情報（時間、速度、位置）
・運転士の運転操作に関する基本情報（制御設備の操作装置の状況、常用ブレー

キ装置の操作の状況）
・ATS（自動列車停止装置）または ATC（自動列車制御装置）の動作の状況
・運転指令と運転士などとの通話記録（音声、時刻）

　これらの記録は、直近の１日分以上のデータが記録されることが必要であるほか、記録されたデータは保存ができ、別途、編集、解析することが可能となっています。このデータは、事故時の詳細な原因究明などに活用され、鉄道の安全性向上に寄与しています。

(2) 列車防護無線装置

　列車防護無線装置は、自列車または反対線路において列車の衝突、脱線、転覆などの事故発生や線路上の支障物発見、人身事故、架線異常などの事態に対し、緊急に周囲の列車を止める必要がある場合に用いられる装置です。運転士や車掌などの乗務員が運転台に備え付けの防護無線装置（**図**

図 3.3　防護無線装置[1]

3.3）のスイッチを操作することで動作し、この防護無線の信号を受信した他列車が緊急停止をすることで、列車どうしの衝突などの併発事故を防止することができます。

　しかし、衝突、脱線、転覆のような重大事故が発生したにもかかわらず、乗務員が速やかに防護無線装置を扱えない状況も想定されます。このようなときでも併発事故を確実に防止するために、重大事故発生を特殊なセンサによって自動的に検知し、防護無線を自動発報する「防護無線自動発報装置」もあります。また、防護無線の重要性から、防護無線の発報中に電源が遮断された場合には、自動で予備電源（充電池）に切り換わる装置を装備している場合もあります。

(3) 運転士支援装置

　定められた制限速度を守り、信号などを確認しながらダイヤどおりに列車を運転するとともに、万一の際には安全を守るという運転士の仕事は、楽なものではありません。ここでは、このような運転士の仕事を支援する設備についてそれぞれ簡単に紹介します。

・車両前方カメラ

　事故や列車運行に対する妨害行為などの発生時に、状況確認と原因究明を目的

第3章 車両 ～快適さと安全を提供する鉄道の象徴～

として、運転台に車両前方カメラを設置している車両があります。なお、カメラの映像データは、各車両に装備されたメモリなどに保存されており、それらを抜き取り解析することにより確認や分析が可能となり、列車の運行の安全に役立てられます。

・車両異常挙動検知システム

車両異常挙動検知システムとは、車両の異常な動きを検知した際に、自動的に緊急列車防護装置（TE装置、本項（4）参照）を動作させ、安全を守るしくみです。

・定速運転装置

列車の運転において、運転士は走行中に速度を加速したり、減速したりするため、マスコンハンドル※1やブレーキハンドルを扱いながら速度制御を行います。図3.4は運転台にあるマスコンハンドルとブレーキハンドルの一例です。最近は、ブレーキハンドルとマスコンハンドルを一体としたワンハンドル方式もあります。しかし、運転士

図3.4　運転台（JR西日本271系特急形直流電車）[2]

にとっては、この繰返しの操作を行うことが運転疲労の原因となるため、設定した一定速度で走行するように自動化したものが定速運転装置です。これにより、運転士が加速や減速の繰返しの操作を行わずに最高速度や制限速度に近い速度を保って走行することができるため、スピードアップ（走行時分の短縮）にもつながります。この定速運転の操作方法については、マスコンハンドルを各社ごとに決められた一定のノッチに合わせるか、その後「定速」ボタンを押すなどの方法があります。定速運転は手動もしくは自動でブレーキが作用した場合、定速以外のノッチへマスコンハンドルを動かすことで終了することができます。

・停車駅通過防止装置

停車駅を誤って通過する事象を防止するための対策として、地上側のハード対

※1　「マスコンハンドル」とは、マスターコントローラーハンドルの略で、車両の出力や速度を制御するハンドルのことであり、一般に鉄道の車両の運転台に設置されています。日本語では「主幹制御器」と呼ばれています。

策だけでなく、ソフト対策として、音声や表示灯により運転士に注意喚起する装置が停車駅通過防止装置です。この装置には、停車駅が接近することで、電子音や停車駅名の音声を鳴らしたり、モニタ装置に停車駅名を表示させたりするなど、さまざまな方式があり、安定輸送に役立っています。

(4) 列車衝突を防止する方策

列車の運転の安全を守る装置にATS（自動列車停止装置）などがありますが、実際にはそれ以外にも想定しない事態が起こる可能性もあります。そのようなときに、少しでも安全を守るための配慮として次のような装置が車両に組み込まれています。

・緊急列車停止装置

緊急列車停止装置とは、運転士が運転中に気を失うなどして運転操作ができなくなった際に、自動的に非常ブレーキを動作させる装置であり、EB（Emergency Brake）装置、デッドマン装置などと呼ばれています。ボタンスイッチが一定時間押されないなどの条件により非常ブレーキを動作させますが、会社の方針や車両形式によって条件や構造が異なります。

・前面衝撃吸収構造

前面衝撃吸収構造とは、踏切での大型自動車との衝突や列車どうしの衝突などの際に、衝突した先頭部で客室および乗務員室の衝撃を吸収し、衝撃加速度を低減させる構造です。このための運転席より前方の部分をクラッシャブルゾーン※2と呼んでいます。クラッシャブルゾーンは、万一の事態でも乗務員や乗客の安全を少しでも守ろうとする配慮です。

・車両耐力計算

強風により列車が転覆する脱線事故を防止するため、より実態に近い車両耐力（風速に対する運転可能速度＝転覆脱線のしにくさ）を算出しています。その際には、車両条件（重量・車体寸法など）、線路条件（曲線半径・左右傾きなど）、列車速度、車両断面形状、線路状況（盛土・橋梁・平坦地など）、風向などを用いています。この計算結果を参考として線区で観測された風速に応じて、走行速度を低下させたり、運転休止などの対策がとられます。

※2 「クラッシャブルゾーン」（crashable zone）とは、衝突時に潰れることでそのエネルギーを吸収し、乗務員などを保護する働きをもつ空間や部分のことです。

第3章 車両 ～快適さと安全を提供する鉄道の象徴～

・緊急列車防護装置

　緊急列車防護装置とは、列車に非常事態が発生した場合、またはその恐れがある場合に、運転士が行う必要がある一連の列車防護操作を、**図3.5**のような一つのボタンで迅速かつ自動的に行う装置のことで、一般的に「緊急スイッチ」、「TE装置」（One Touch Emergency Device）と呼ばれています。鉄道会社によって動作する機器に違いはありますが、非常ブレーキ動作、防護無線発報、パンタグラフ一斉降下、汽笛吹鳴、信号炎管点火が動作します。

図3.5　緊急列車防護装置[1]

(5) 異常時対応

　そのほか、万一を想定した対策もたくさんあります。ここでは異常時対応について紹介します。

・車掌非常スイッチ

　車掌非常スイッチとは、車掌がホーム上で危険を察知したり、走行中に激しい衝撃を感じたりした際などに、乗務員室で操作することにより列車を停止させ、安全を守るためのスイッチのことです。設置個所については、車掌がホームの看視をしながら操作できる個所に設置するのが一般的です。ドア操作、ホームの看視を行う箇所が変更になった場合には、スイッチの移設や増設が必要となります。

・列車の転動防止

　勾配のある駅などで停車している際に、扉を開けたままの状態で車両が動き出したり、ドアが開いた状態で運転士が誤って列車を動かしたりすると乗客の傷害事故につながる恐れがあります。このため、意図しない状態で動き出す（転動）ことを防止するための対策として転動防止ブレーキなどの装置があります。これも万一を想定した安全対策です。

・非常時走行用バッテリー

　大規模停電が発生して停電状態が長時間にわたる場合に、駅間に停車した列車を最寄り駅まで走行させたり、トンネル内、橋梁上へ停車した列車をトンネル外

へ移動させたり、橋梁のない箇所へ移動させたりする手段として、車両に非常時走行用バッテリーを搭載している場合があります。これは多数の乗客を扱う鉄道ならではの配慮です。

・異常時の車両電源の確保

車両の異常やき電系統の異常によって車両への電力供給がストップし、駅間で列車が停止する状況になった場合には、車両の外から電力を受けて機能している補助電源装置も使用できなくなります。このため、車両に搭載したバッテリーにより車両制御を可能とし、車内の照明や前照灯の電源を確保します。

・事故復旧用仮台車

車両が故障または事故のため、車輪が不回転などになることにより走行不能になった場合には、救援車または他の動力車両により引っ張ったり、押したりすることにより車両基地へ事故車両を収容しなければなりません。しかし、車輪が不回転の状態で無理矢理に牽引しようとすると、レールに損傷を与えたり、レールの曲線部分で車両が脱線したりする可能性があります。そのため、事故車両の車輪に図3.6の復旧用仮台車を取り付けることにより、車両基地や最寄りの駅まで回送することが可能となります。このように、車輪が回転できなくなるような事態まで想定して、安全のための備えをしているのです。

図3.6　事故復旧用仮台車（右の写真は台車へ装着した状態）

3.2.2　車両の安全確保方法

異常時には、想定できないような状況が発生しかねません。鉄道では、過去の事故に学んで有効な対策を組み込んできました。

第3章 車両　〜快適さと安全を提供する鉄道の象徴〜

（1）車両構造での火災対策

　鉄道の中でも、鉄道車両は旅客が乗車する重要な部分であり、それゆえ車両の構造にはさまざまな条件が求められています。その条件には、旅客が心地よく利用できる快適性、保守担当者がメンテナンスしやすい保守性などがありますが、災害や事故が万一発生した場合でも旅客の被害を最小限に留めるための安全性はとくに重要です。ここでは、安全性の中でもとりわけ列車火災が発生した際における車両構造からみた火災対策について紹介します。

・過去の列車火災事故による教訓

　列車火災事故とは、漏電や放火など何らかの理由で列車において火災が発生した事故をいいます。これまでさまざまな列車火災事故が発生し、さまざまな対策が行われてきました。とくに車両構造の視点で火災対策として教訓となった代表的な事故を見てみましょう。

　桜木町駅列車火災事故（1951 年 4 月発生）では、客室から車外へ通じる貫通扉が車内側にしか開かない構造であったため、車外へ逃げようと殺到した旅客の圧力で貫通扉が開かなかったこと、乗降ドアを旅客が開けることができなかったこと、窓から外へ出ることが困難であったことなどが作用し、被害を大きくしました。

　また、**北陸トンネル列車火災事故**（1972 年 11 月発生）では逃げ場のないトンネル内で火災が発生し、燃えさかる車両から発生した大量の一酸化炭素で被害を大きくさせたことが事故の教訓となりました。

　さらに、**韓国地下鉄列車火災事故**（2003 年 2 月発生）では逃げ場のない地下鉄道において、ガソリン放火という通常火災よりも強い火災が車両の延焼拡大を防げなかったことが教訓となりました。

　これらの教訓を契機として、桜木町駅列車火災事故では旅客の動線を確保するように、貫通扉を外開き戸構造への見直し（現在では引戸構造）、緊急時には旅客がドアを操作可能とするなどの対策とし、北陸トンネル列車火災事故では燃焼による一酸化炭素などの有害ガスが発生しないよう、車両を燃えにくくする難燃化対策などがそれぞれ図られました。

　鉄道では、過去から数々の火災事故が発生し、それらを教訓としてさまざまな対策が講じられ、そのようにして積み上げられてきた安全のための方策が、今日の火災対策の土台となっています。下記に代表的な火災対策をまとめました。

・車両の難燃化

　過去の列車火災事故を教訓にして、車両部材の難燃化対策として幾度にもわたり基準の強化・充実を経て現在に至っています。現在では、「鉄道に関する技術上の基準を定める省令」第83条第1項（解釈基準-1）において**表3.1**のようにまとめられています。

表3.1　火災対策性能と主な使用部位

性能	該当する主な部位
不燃性	屋根、外板、客室（天井、内張）、床下面など
難燃性	屋根上面、床の上敷物、座席表地、日よけ、ほろなど
極難燃性	床敷物の詰め物（地下鉄など旅客車および新幹線）

・車両用貫通扉による火災対策

　複数車両が連結された列車内で火災が発生した場合、火災車両に対して、隣り合う車両から酸素を多く含んだ新しい空気が供給されると炎の勢いが増すことになります。そのため列車火災時に、火災をそれ以上大きくしないためには、隣り合う車両から火災車両へ酸素の供給を断ち切ることが大変重要です。このため、列車火災時には貫通扉（**図3.7**）を閉めることが可能な構造にしています。これは、あわせて煙が火災の発生していない車両へ流出することを断ち切り、有害ガスによる被害を防ぐ効果もあります。

　なお、2003年に発生した韓国大邱地下鉄の火災事故を受け、連結車両の客室間に通常時に閉じる構造の貫通扉などを設置することが「鉄道に関する技術上の基準を定める省令等」第83条第3項（解釈基準-2）に追加となりました。

・車載消火器

　車両内で火災が発生した場合、火災の規模が大きくなるほど消火が困難になるため、できる限り火災規模が小さい早期の間に消火（初期消火）することが大切です。そこで各車両には、初期消火のために消火器（**図3.8**）を設置しています。

　また、消火器本体を乗客から見えやすい所へ備えるか、消火器本体が乗客から見えにくい場合には、消火器の所在を乗客の見やすいように表示しています。これは「鉄道に関する技術上の基準を定める省令」第83条第4項（解釈基準-1（6））にも定められています。

図3.7　貫通扉（妻引戸）[2)]

図3.8　車載消火器[2)]

（2）車両構造での地震対策

　2004年の新潟県中越沖地震により、新幹線の営業列車で史上初めて200系新幹線電車が脱線したことを受け、新幹線の地震対策が図られるようになりました。地震発生時のロッキング脱線（左右の車輪が交互に上昇してレールから離れ、降りてきた車輪フランジがレールから外れる形態の脱線）を防止するため、L型車両ガイドや逸脱防止ストッパなどが開発されました。

　また、脱線防止ガードの設置など、地上設備の改良も併せて実施されており、これらにより、車輪がレールから離れるのを防止し、万一、車輪がレールから離れても大きく逸脱させないことが可能となりました。**図3.9**にJR各社の新幹線の地震対策例を紹介します。

　さらに、新幹線では、地震などの災害時に車両を早期に停止させて安全を確保するため、架線を停電させて作動させるブレーキについては、システムを改良しブレーキ距離の短縮を図っています。

（3）その他

・貨物列車に積載するコンテナの重量バランス測定

　貨物列車に積載している荷物が偏って積載（偏積）されると車両全体のバランスが崩れ、安定した走行に支障を及ぼす可能性があります。このため、偏積防止の取組みの一つとして、重量計によるコンテナの重量バランス測定があります（**図3.10**）。具体的には、鉄道輸送用の12フィートコンテナの左右方向（まくら

JR北海道 ・ JR東日本 ・ JR西日本（北陸新幹線）

　仮に脱線した場合においても、台車に取り付けたL型の逸脱防止ガイドがレールに引っかかることにより、線路から大きく逸脱することを防止する。
※逸脱防止ガイドは、全車両に設置済み。

レール転倒防止装置　　　　　　逸脱防止ガイド

JR東海 ・ JR九州

　脱線防止ガードにより地震時の列車の脱線を極力防止する。
　また、仮に脱線した場合においても、台車に取り付けた逸脱防止ストッパが脱線防止ガードに引っかかることにより、線路から大きく逸脱することを防止する。
※逸脱防止ストッパは、全車両に設置済み。

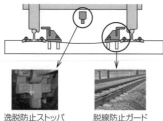

逸脱防止ストッパ　　　　脱線防止ガード

JR西日本（山陽新幹線）

　仮に脱線した場合においても、レールの内側に敷設した逸脱防止ガードに車輪が引っかかることにより、線路から大きく逸脱することを防止する。
※相互直通することから、他社対策である逸脱防止ストッパによる対策も実施している。
※逸脱防止ストッパは、全車両に設置済み。

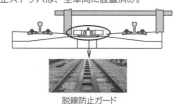

脱線防止ガード

図 3.9　JR 各社の新幹線の地震対策例[3]

65

ぎ方向）の偏積率を測定するポータブル
重量計を貨物の取扱いを行う主要駅に導
入しています。同重量計は、駅に持ち込
まれたコンテナから無作為に抽出し、荷
物の荷重を測定して左右方向（まくらぎ
方向）の偏積率が許容値内に収まってい
るか確認するもので、超過したものにつ
いては、積み直しを行っています。

図 3.10　重量計によるコンテナの重量バ
ランス測定[1]（黒矢印は重量検
知センサ、写真奥にも 2 個設置
されている）

　同重量計を用いてコンテナ内の荷物の
偏積率を測定して数値的に示すことで、
積付方の改善に向けた取組みを促し、あ
わせて偏積が生じている貨物の受託を予防する効果があります。また、一定限度
以上の偏積となっているコンテナを抽出し、輸送中の偏積のリスクも低減させて
います。

　なお、20 フィート以上の大型コンテナは、同重量計では測定できないため、大
型コンテナを吊り上げるトップリフタに偏心荷重測定装置を装備して測定してい
ます。

3.2.3　車両構造での雪害対策

　ここでは雪害対策を目的とした車両構造について紹介します。

（1）耐雪ブレーキ

　ブレーキは列車の走行に不可欠な安全装置ですが、大雪の中を列車が走行した
場合に、ブレーキが効きづらい状態になることがあります。その原因は、降雪の
中を走行すると車両のいたるところに雪を巻き込むことになりますが、とくに車
輪と制輪子（ブレーキシュー）の間に雪が入り込んで付着すると、制輪子の摩擦
力が回転している車輪に伝わらなくなるからです。

　そのため、車輪と制輪子の間に雪が入り込む隙間を作らないように、降雪時に
は常時弱いブレーキをかけ続けることで、ブレーキが効かなくなる状態を防いで
います。これを耐雪ブレーキ（**図 3.11**）といい、耐雪ブレーキを使うと車輪と制
輪子の間で摩擦熱が発生し、雪を解かす効果もあります。このような配慮が、雪
の日の列車の安全を支えているのです。

図3.11　耐雪ブレーキ[2]

(2) シングルアームパンタグラフ

　降雪時には、従来からパンタグラフに付着した雪の重みでパンタグラフ自身が降下するということがありました。パンタグラフが降下すると架線から電気を得られなくなるため、列車が走行できなくなるとともに、車内の暖房や照明が動作しなくなります。

　そこで、従来のパンタグラフを改良し、シングルアームパンタグラフ（**図3.12**）が開発されました。シングルアームパンタグラフとは、集電舟を1本の支柱で支える形式のパンタグラフをいいます。従来型のパンタグラフ（**図3.13**）と比べて、構造が簡単、部品点数が少なく軽量、設置面積も小さく、空気抵抗が小さいという特長があります。構造的に付着する雪の量が少なくなるため、降雪時の降下を防ぐことができるようになりました。

図3.12　シングルアームパンタグラフ[2]

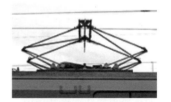

図3.13　菱形パンタグラフ[2]
（従来のパンタグラフ）

(3) 着雪防止

　積雪した線路上を鉄道車両が走行すると、線路上の雪が舞い上げられて車両の床下機器や台車部分へ付着し着雪が成長します。そして、これが走行時に落下すると線路に敷かれている砂利（バラスト）を巻き込んで地上設備を破損したり、

分岐器に挟まることで不転換事象を引き起こしたりすることがあります。このような被害を軽減するために、駅や車両基地などで人手による雪落とし作業（**図3.14**）をしたり、そもそも雪が車両の床下機器に直接付着しないように、フサギ板（**図 3.15**）を設置したりしています。

フサギ板

（a）車体側面のフサギ板

（b）床下のフサギ板

図 3.14　雪落とし作業　　　　　図 3.15　フサギ板

3.2.4　維持管理（保守）

　ここでは、車両の状態を維持管理する保守について紹介します。

（1）鉄道車両の検査

　自動車や家電製品などを使い続けていると、調子が悪くなったり、故障してしまったりするのと同様に、鉄道の車両も使用していると不具合が発生することがあるので、検査・修繕を行う必要があります。この作業のことを「車両の保守」または「車両の検査」といいます。

　一般的に鉄道車両の保守には、故障する前に必要な検査を行う「予防保全」と、故障が発生してから必要な処置を行う「事後保全」があり、鉄道事業者では「予防保全」を前提とした検査体系にしています。

　鉄道車両は、輸送に直接関係するものであり、故障などが発生すると輸送に影響を与えるばかりでなく、旅客や荷主に対してのサービス低下となるため、高い信頼性が要求されます。この高い信頼性を維持していくためには、車両の使用条件を考慮して、設計・製造の段階で有効な方策をとることが必要であるばかりで

なく、鉄道車両のように長期間にわたって使用する場合は、定期的に検査し、必要により修繕または交換などを行い、所定の機能を維持していくことが重要です。

　また、鉄道車両は故障が起きないうちに保守を行いますが、その時期は個々の部品ごとに異なります。そこで、保守の目的ごとに検査の対象となる部品と検査項目・内容などを予め定めて定期的に行うようにしています。

(2) 鉄道車両の検査の種類

　鉄道車両の種類（車種）や形式によって、取り付けられている部品も異なるので、車両をどのぐらい使用したら検査をするのかを車種別（新幹線電車、新幹線以外の電車、貨車、客車、内燃機関車、内燃車などの種類）、形式別に定めています。そして、ある検査が行われてから、次に同じ検査を行うまでの期間を「検査周期」といい、使用日数・月数または走行距離のいずれかが予め設定した限度に到達する前に、次の検査を行うことになります。

　検査周期や検査方法については、「鉄道営業法」（法律）および「鉄道に関する技術上の基準を定める省令」（省令）などに基づき、鉄道事業者ごとに作成した実施基準に定められています。検査の種類の名称は、鉄道事業者によって異なりますが、一般的に次の4種類があります。

(a) 仕業検査（列車検査）

　仕業検査は、おおむね2〜6日ごとの短い周期で行われる検査で、とくに運転に必要不可欠な装置とされるパンタグラフ（集電装置）、台車、ブレーキなどの点検を、車両の運用の途中で行う検査です。主に、対象となる機器類の状態確認や動作確認、および必要に応じて消耗品の交換などを行います。交換される消耗品としては、ブレーキ時の摩擦材である制輪子や集電装置のスリ板、室内蛍光灯などがあります。省令では「列車の検査」とも呼ばれています。

　検査周期は事業者によって異なり、新幹線車両では48時間ごとに実施されるほか、一般的な鉄道車両では10日程度ごとに実施しているところもあります。

(b) 交番検査

　交番検査は、仕業検査よりも長期の検査周期で行われるもので、仕業検査と同じく車両を分解せずに行う検査ですが、より詳細に検査を行います。一般的に「交検」とも呼ばれており、国土交通省告示においては、「状態・機能検査」に相当する検査となり、検査周期が定められています。検査周期は、月数または日数による期間のほか、走行距離による期間が定められている場合もあり、いずれか

を超えない期間とされています。

　この交番検査と仕業検査は、車両の日常の運用や管理を行う車両基地で行うことが多く、交番検査では各機器のカバーを外して、内部の状態や機器の動作確認だけでなく、主回路で絶縁不良が起きていないかなど、試験装置を用いたより詳細な試験を行います。また、車輪の踏面形状を確認して、正規形状からの逸脱が大きい場合は、研削機で削り直すこと（車輪転削）もあるほか、新幹線では輪軸の探傷試験なども行います。

（c）重要部検査

　重要部検査は、列車または車両の走行や安全に直結する、ブレーキ装置、主電動機、駆動装置などを取り外し、分解・検査・整備を行うものです。この際、車両内外の再塗装など、車両のリフレッシュなども同時に行うこともあります。重要部検査の場合は、車体と台車を切り離すため、通常の運用から外れて、設備の整った整備工場などへ回送して点検や整備を行うことが多いです。一部の鉄道車両では、台車検査（台検）とも呼ばれています。

　検査周期は、交番検査と同様に国土交通省告示により定められていますが、月数または日数による期間のほか、走行距離による期間が定められている場合もあり、いずれかを超えない期間とされています。

（d）全般検査

　全般検査は、車両の主要部分やすべての機器類を取り外し、全般にわたり細部まで検査を行う（いわゆるオーバーホール）ことで、略して「全検」とも呼ばれています。定期検査としては最も大がかりなもので、車体の修繕や台車、機器類などの分解・検査・整備のほか、車体の再塗装などや内装のリフレッシュなども同時に行い、ほぼ新車の状態にするものです。検査している期間としては、通勤型の電車で2週間程度のものから蒸気機関車では半年近くの時間を要するものなどさまざまです。

　検査周期は、設計・製造が古い車両や新幹線など高速運転を行う車両では短縮されることがあるほか、イベント用など使用頻度の少ない（走行距離が極端に短い）車両の場合、一時的に休止扱いにして検査時期の期間を引き延ばすことも行われています。また、交番検査や重要部検査と同様に国土交通省告示により検査周期が定められていますが、月数または日数による期間のほか、走行距離による期間が定められている場合もあり、いずれかを超えない期間とされています。

　以上の検査の種類のほか、新車や中古車を購入した場合、車両を改造した場合、故障や事故などによる損傷を修理した場合および故障のおそれがある場合など、その都度必要に応じて検査するものとして「臨時検査」があります。

3.3 乗客の安全確保方法

　車両に乗られた乗客に対しても、安全のためのさまざまな配慮が施されています。この節ではその概要を紹介します。

3.3.1 ホーム上の乗客の安全確保方法

(1) ホームから車両間への転落防止方策

・転落防止外ホロ

　現在、ホーム上の乗客の安全対策として可動式ホーム柵などの設置が進んでいますが、あわせて、車両と車両の間の連結部の車両端部にゴム製の板状のものやビニール製のホロを設置し、ホーム上の乗客が誤って連結間の開口部から線路へ転落する事故を防止しています。各社で仕様・素材や名称（外ホロ、ホロなど）は異なり、連結部をすべて覆っているものから（**図3.16**（a））、一部をビニール製のホロで覆ったもの、ゴム製の板を車両端部に取り付けて開口部を狭めているもの（同図（b））があります。車両限界や防護機能について各社で検討されたため形状が異なっています（同図（c））。移動等円滑化基準（バリアフリー法に基づく条例）においても、常時連結している部分について設置が義務付けられていま

（a）　　　　　　（b）　　　　　　（c）　　　　　　（d）

図3.16　転落防止ホロ

すが、2010年に発生した転落死亡事故をきっかけに、分割併合を行う先頭車両間に設置（同図（d））している鉄道会社もあります。

・転落防止警報装置

先頭車両に転落防止外ホロを設置していない場合、併結した編成では先頭車両の連結間に広い開口部ができるため、「車両連結部ですのでご注意ください」と音声と警報音で注意喚起を図っている場合もあります。

3.3.2 車内の乗客の安全確保方法

(1) ドア関連の安全装置と乗客の傷害防止

・戸閉保安リレー回路

列車が走行中に誤ってドア操作しても一定の速度（3〜5 km/h）より高速ではドアが開かないようにするしくみであり、乗客の安全を守っています。

・ドア誤扱い防止装置

列車が駅に到着し車掌またはワンマン運転の運転士によるドア取扱い時に、誤ってホームのない側（進行方向右側と左側の間違い）のドア操作をした場合、または、所定位置を前後して一部ドアがホームにかかっていない状態で誤ってドア操作をした場合にはドアが開き乗客が線路などへ転落するおそれがあり危険ですので、ドアが開かないようなしくみが組まれています。そのために用いられているものとしては、車両編成の両先頭車両に設置したセンサなどによりホームを検知するもの（**図3.17**）や、線路上にある地上子（トランスポンダなど）から車両に搭載された車上子へホーム位置情報を送信して定位置に停止していることを検知するものがあります。

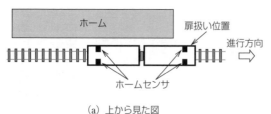

（a）上から見た図　　　　　　　　（b）センサ本体

図3.17[4]　ドア誤扱い防止装置

・車側灯の視認性向上

　車側灯とは、ドアの開閉に連動して点灯したり消灯する表示灯で、車両側面に設置されています。ドア開扉時は点灯（**図3.18**（a））、ドア閉扉時は消灯（同図（b））となり、ドア閉操作の際に乗務員やホーム係員が完全閉扉を確認するための表示灯です。車側灯の視認性の向上を図るため、灯の大型化（同図（c））、レンズ変更、電球からLEDへの更新（同図（d））で照度を上げています。あわせて、レンズへの信号機の映り込みや日射などによる誤認防止のため、ホーム構造物の改修による対策を施して視認性を向上させて、乗客の戸挟みやドア故障などの早期対処を図っている場合もあります。

図3.18　各種車側灯

・戸閉検知装置の検知範囲の変更（検知精度の向上）

　戸閉検知装置とは、ドア閉扉時に完全閉扉したことを検知する装置で、異物などが挟まると接点が開いたままになりドアリレーが構成されないしくみとなっています。接点には許容範囲を設けているため、挟まった物が細い場合は接点が閉じてしまうことがあります。また、戸挟み時の圧迫は戸先ゴムにより緩衝されていますが、戸先ゴムの変異量も検知の性能を下げることとなります。そのため、可能な限り戸挟み検知の精度を上げるため、接点の許容範囲を小さくする（例：15 mm → 10 mm）ことや、戸先ゴム硬度を、床から一定の高さ（例：30 cm）までの部分を固めの素材としている場合もあります。ドア下部の戸先ゴムの硬度を固くしているのは、ベビーカー前輪部のフレームがドアに挟まる事象を想定しており、国内ベビーカー製造メーカにおいても、フレームの幅を太くするなど対策を施しています。

・戸閉力弱め制御

　ドア閉扉直後の一定時間に戸閉力を弱めておき、万一戸挟み状態になっても引き抜きやすい状態とする機能も付加されています。

・戸挟み防止の注意喚起

　ドア閉扉時の戸挟みに対する注意喚起のため、ドア戸先付近へ黄色などのテープを貼付し、テープには、「戸挟み注意」など（**図 3.19**）の文言を表示している場合もあります。

・ドア引き込まれ防止の注意喚起

　ドア開扉時に戸袋に乗客の手や鞄などが引き込まれることを防止するため、注意喚起のステッカーをガラス面に貼付しているものや、戸袋付近に黄色などのテープを貼付して「扉に注意」など（**図 3.20**）の文言を表示している場合もあります。

図 3.19　ドア戸先部

(a)　　　　　　(b)

(c)

図 3.20　戸袋付近

図 3.21　車内案内ディスプレイによるドア開扉の注意喚起

・表示器（ディスプレイなど）による注意喚起

　乗降するドアの上部に設置されている表示器に「開くドアに注意」「ドアが閉まります」「こちら側のドアが開きます」とドアの開閉に伴う注意喚起を、動画（**図 3.21**）を交えて表示しています。表示方法については各社により異なりますが、駅到着案内時や次駅案内時に合わせて表示する仕様などがあります。

・かけ込み乗車防止ステッカーの貼付

　関東地方の 26 の鉄道事業者で 2018 年 4 月から「かけ込み乗車防止キャンペーン」を実施しており、マナーアップの一環として乗客の目にふれやすいドアのガラス面にステッカーを貼付しています。このように、車両のドアに関しての安全を確保するためにも、さまざまなハード的、ソフト的対策を組み合わせています。

(2) 車両構造での乗客安全確保

・大型袖仕切り

　通勤車両のロングシートの端の部分には、仕切りを設けていますが、従来の車両には、パイプ式、板式が多く適用されていました。最近の車両は、肩まで隠れるような大型の板状の仕切り（大型袖仕切り）が採用されることが多くなりました。これによって、急ブレーキ時のショックを受け止めることができます。また、高さがあるため、着席客と立ち席客との干渉を少なくできる利点もあります（**図 3.22**）。

　最近はプラスチック製だけでなく、一部透明プラスチックやガラスを用いて、見通しをよくしたタイプも増えています。これは、座ブトン部分への忘れ物対策も兼ねています。

・女性専用車両

　女性専用車両は、車内における痴漢などの迷惑行為防止の観点から、混雑度の高い列車の指定した 1 両に設定されています。線区・区間・平日通勤時間帯のみ、平日の終日、上り列車のみなど、各社それぞれ混雑度など考慮して設定しています。車両の外板側面、窓ガラスやホームの乗車口床面にステッカーなどで「女性専用車両」、その乗車位置であることを表示しています。また、車内照明、内装カラーリングを他の車両と違いをもたせる鉄道会社もあります。女性だけでなく、男子小学生や、障がいを有する男性、その介護者についても乗車可能としています。

図 3.22 大型袖仕切り[5] 　　図 3.23 特急車両の防犯カメラ[6]

・防犯カメラ、セキュリティカメラ、車内カメラ

　犯罪抑止、防犯対策、セキュリティ向上も乗客の安全には不可欠です。この目的で、車両内に防犯カメラを設置する例が増加しています。新幹線、特急車両では、乗降客を確認できるようデッキ部に多く設置しています。通勤車両、一部特急車両などでは、客室内に設置しています（図 3.23）。設置場所は車端部壁面、車端部天井、乗降用扉上部です。カメラ映像をモニタなどで常時監視することはなく、記録媒体に一定期間分を上書きにて録画記録し、警察などの要請により画像を提供する場合、もしくは自社内で確認する必要がある場合に映像を取り出します。

(3) 乗客異常時連絡用（列車異常時対応）

・非常通報装置

　客室や車内トイレにおいて、乗客が異常状態（急病など）になった場合、あるいは遭遇した際に、乗客が乗務員へ通報する装置も、万一の際に安全を守るためには重要です。客室やトイレ内などに設置されているボタンを押すと、乗務員室でブザーが鳴る方式（図 3.24）、運転士／車掌と会話できる方式（図 3.25）などがあります。車両によっては乗客のスイッチの操作によって、列車が停止する機能をもたせた場合もあります。

　これらの装置は、急病などの場合のみならず、車内での異常状態（犯罪行為の発生、火災の発生など）や列車の異常状態（激しい衝撃や異音など）が発生した場合にも乗客が操作する可能性があります。

　装置名については共通した表現方法はありませんが、基本的な機能としての乗

図3.24　非常通報装置
（ボタン式）

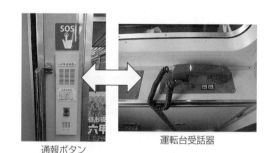

通報ボタン

運転台受話器

図3.25　非常通報装置（会話タイプ）

客から乗務員への連絡装置としては、「鉄道に関する技術上の基準を定める省令（第81条第1項第五号）」に「非常通報装置」（旅客が容易に乗務員などへ通報ができるもの）として規定されています。

(4) 車両避難設備

・非常脱出ハシゴ

火災や脱線などが発生した際に、乗客が安全に車両から外へ脱出できるように、車両には避難用のハシゴなどを装備（**図3.26**）しています。ハシゴには、伸縮式が広く用いられおり、避難の際、容易にハシゴを展開し設置することが可能なように配慮しています。状況によって、座席シートを活用して避難するケースもあります。

図3.26　非常ハシゴ収納（運転台）

異常時にハシゴなどを車両の側引戸（**図3.27**）や先頭車の貫通扉など（**図3.28**）に設置し、避難を行いますが、列車から避難する際には隣接線の列車状況、列車を脱出してからの乗客の避難場所確認などをしてからの避難行動となります。このため、乗務員がハシゴを取り扱うルールを定めているケースが多いですが、迅速な避難を可能とするために、多くの鉄道事業者は、定期的に訓練を行い、非常事態の発生に備えています。

図 3.27　非常ハシゴ設置（側引戸）

図 3.28　非常ハシゴ（貫通扉）

3.3.3　車いす対応など

(1)　車いすスペース

　移動等円滑化基準（バリアフリー法に基づく省令）第 32 条第 1 項には「客室には、基準に適合する車いすスペースを一列車ごとに二以上設けなければならない」とあり、広さや設備に関する規定が定められています。

　標準的な整備内容として、広さは 1 300 mm × 750 mm 以上、通路幅は 400 mm 以上とされています。手すりや非常通報装置も近くに設置され、乗降の際、移動距離が短くて済むように、乗降口やトイレから近い位置に設置されています。特急車両では、車椅子から座席に移乗して過ごしてもらうタイプもあります（**図 3.29**）。

(2)　AED

　AED（自動体外式除細動器：Automated External Defibrillator）とは、心臓がけいれんし、血液を流すポンプ機能を失った状態（心室細動）になった心臓に対して、電気ショックを与え、正常なリズムに戻すための医療機器です。

　2004 年 7 月より医療従事者ではない一般市民でも使用できるようになり、病院や診療所、救急車はもちろんのこと、空港、駅、学校、公共施設など、人が多く集まるところを中心に設置が進んでいます。AED はコンパクトで電源を必要としないため、置き場所の制約が少なく、新幹線車両や特急車両の乗務員室、デッキなどのスペースに設置する例が増えています（**図 3.30**）。

図3.29　車いすスペース[7]

図3.30　特急車両のAED[8]

3.3.4　乗客への情報伝達（乗務員から乗客への情報）

　万一の際に、乗客へ適切な情報を提供することで乗客に安心していただくための情報伝達装置も安全上不可欠な装置です。もちろん、通常は乗客へのサービス情報を提供するために用いられます。

（1）放送装置

　放送装置は、乗客に音声によってサービス情報（行き先、列車種別、停車駅、出発到着時刻など）を案内するとともに異常な状態（停電、途中停車など）になった際の情報提供のため、マイク、増幅器、スピーカーなどにより構成される装置です。マイクを用いて車掌による肉声を流す場合と、あらかじめ登録された文章を列車の走行位置や手動によりタイミングを計って音声を流す自動放送装置による場合とに大別されます。

　「鉄道に関する技術上の基準を定める省令」第81条第1項第四号では、「旅客車にはすべての客室に案内ができる車内放送装置を設けること」と規定されています。

　車内だけでなく、車体側面などにスピーカーを設置し、かけ込み乗車への警告などのため、車外にも閉扉などの案内放送ができる車両（**図3.31**）もあります。

図3.31　車外スピーカー

　また、乗客の中には日本語を理解できない外国人の方もおられるため、自動放送装置による多言語対応を図る場合が増加しています。

　移動等円滑化基準（バリアフリー法に基づく省令）第32条第5項では、「客室には、次に停車する鉄道駅の駅名その他の当該鉄道車両の運行に関する情報を文字などにより表示するための設備及び音声により提供するための設備を備えなければならない」とあり、乗客の中には外国人とともに、健常者のほか、目の不自由な方、耳の不自由な方もいるため、乗客への周知を図るために、前記の「放送装置」や次の「車内案内表示器」を設備しています。

（2）車内案内表示器

　車内案内表示器（3.3.2項（1）参照）は、列車内の乗降扉上部、客室妻面、客室天井中央部などに設置され、列車の行先、停車駅、列車編成、扉が開く方向、接客設備など、乗客に必要な情報を伝達する装置で、その情報はあらかじめ記録した内容を車上の制御装置から、また、あるタイミングで地上からの通信を通じて伝達されます。優等列車だけでなく、通勤列車にも設置されるようになり、広告にも利用されるなど、用途は多様化しています。

　また、表示装置は、当初の文字だけのLED（**図 3.32**）、プラズマディスプレイの表示方式から液晶（LCD）表示方式（**図 3.33**）へと変化し、表示内容も動画も可能となっています。この画面では、路線図やホーム案内図などの一般的なサー

図 3.32　LED 式表示器

図 3.33　非常ブレーキ動作時の文字案内[7]

図 3.34　路線図の表示

図 3.35　多言語表示

ビス情報（**図3.34**）のみでなく、次駅での降車するための開くドアの位置の表示、図にあるような非常ブレーキ時の注意喚起（**図3.35**）なども表示しています。

（3）運行情報配信（地上から車両）

指令所などから列車へ無線によってデータ配信（伝送）を行い、車内案内表示器（LED表示器、LCDディスプレイ）を利用して、文字や路線図により、鉄道路線の不通区間や遅れ時間、振替輸送などの情報を掲出しています。自社線のみでなく、他社線についても一括で表示するタイプもあります。

また、デジタル列車無線、通信回線を介して、情報を更新し、最新の運行状況を表示するタイプもあります。

地上から車両へのデータ配信のタイミングは、特定箇所でのみ配信する方式と随時必要なタイミングで配信する方式とがあります。

以上の放送装置、車内案内表示器、運行情報配信によって、乗客へ適時的確な情報を伝えることは、パニックに陥ることによる混乱を抑止し乗客の安全を維持するうえでも大切なことです。

3.4 地上設備検査用車両

3.4.1 軌道検測車・電気検測車

列車の安全運転を確保するために鉄道事業者では線路や架線、信号通信設備などの地上設備の状態について、各種検査と保守を行っています。これらの検査はそれぞれの専門分野の人による検査のほかに「検測車」と呼ばれる検測専門の車両を用いた検査も行っています。検測車には、線路の状態を検測する軌道検測車、架線などの電力設備と信号設備をあわせて検査する電気検測車、これらの両方を同時に検測する総合検測車があります。なお、事業者によっては呼び名が異なり、試験車とも呼んでいますが、基本的な機能に大差はありません。

ここでは、軌道検測車、電気検測車について解説していきますが、鉄道の安全・安定輸送を支える保守データを計測収集する重要な整備となっています。

軌道検測車は、軌道変位（高低、通り、水準、軌間、平面性）（2.1.2項参照）

を走行しながら連続的に測定する専用の車両のことです。軌道変位が大きくなると車両の走行安全性や乗り心地が悪化するため、鉄道事業者は定期的に状態を検査し、良好な軌道状態を維持しています。しかし、鉄道事業者によっては、保守する軌道の全長が数千 km に及ぶため、人の手による軌道検測では多大な時間と労力がかかってしまいます。また、車両が走行した際の動的な軌道変位を把握するためには、実際に車両の荷重が作用した状態で軌道変位を測定する必要があり、それらの課題を解決するため「軌道検測車」が開発されました。軌道検測車は 1959 年のマヤ 34 形高速軌道検測車以降、3 台車をもつ構成が多く開発されましたが、1997 年以降は計測方法の開発によって通常の車両と同様、2 台車の軌道検測車が主流となっています。現在は、軌道計測装置がコンパクトとなり、営業列車にも軌道検測装置が搭載されるようになっています。

　次に、電気検測車です。電気鉄道では、架線から車両のパンタグラフを介して、車両に電力を供給しています。このとき、トロリ線はパンタグラフから外れることのないよう敷設されていなければいけません。そこで、トロリ線の上下高さや左右偏位、またパンタグラフでしゅう動する部分の摩耗状態を定期的に測定し、規定された範囲に入っているか、走行する車両から効率よく測定できるよう架線検測車が活用されています。1957 年には国鉄の電化が進み、クモヤ 93 形と呼ばれる架線試験車が誕生しました。また、1960 年代には新幹線において、架線だけではなく、変電、信号、通信も含めた各種設備が検査可能な電気試験車が開発されています。なお、当時はトロリ線の摩耗を測定する機能はありませんでしたが、その後、在来線で光量式によるトロリ線摩耗測定が可能なキヤ 92 形電気検測車が開発され、それ以降、ITV 式、レーザ式と開発が進み、2000 年代に入ると画像処理によるトロリ線摩耗測定も実用化されました。現在では軌道検測装置同様、装置がよりコンパクトとなり、新幹線や在来線の営業車の屋根上にも搭載可能なものになっています。

(1) 新幹線用電気軌道総合試験車

・JR 東海の 923 形新幹線電気軌道総合試験車

　2000 年に 270 km/h での検測可能なドクターイエローという愛称で呼ばれる 923 形新幹線電気軌道総合試験車（T4 編成）を導入しています。国鉄時代に製造された 0 系新幹線ベースの T2 編成の後継車として、700 系新幹線をベースとした検測専用の車両です。

　JR 西日本には同一形式の T5 編成が導入されています。測定項目として、軌道関係では、前述の軌道変位を測定しています。なお、T2 編成では、3 台車方式で軌道状態を検測していましたが、T4 編成では 270 km/h での検測可能なように 2 台車での検測方式を採用しています。電気関係の測定項目としては、き電設備状態とトロリ線関係の測定、軌条（レール）に流れる ATC 電流などの信号保安設備状態、空間波と漏えい同軸ケーブル（LCX）列車無線設備状態など 70 項目ほど測定しています。また、T4 編成では、振動波形などをチャートへ書き込み直接波形解析していた方法を電気的なデータとすることでペン書きチャートレス化や地上へのデータ自動伝送などにより効率化を進めているのが特徴です。図 3.36 に JR 東海 923 形新幹線電気軌道総合試験車（ドクターイエロー）の写真を掲載します。

図 3.36　JR 東海 923 形新幹線電気軌道総合試験車（ドクターイエロー）[9]

・JR 東日本の E926 系新幹線電気・軌道総合試験車

　925 形新幹線電気・軌道総合試験車（S1、S2 編成）の置き換えと、東北新幹線盛岡〜八戸間および山形・秋田新幹線への対応として、2001 年に「イースト・アイ」との愛称名で導入しています。愛称名の「イースト・アイ」は、JR 東日本の「東」の「イースト」、「アイ」は「intelligent（知能の高い）」「integrated（統合された）」「inspection（検査）」という意味をもたせています。

　車両は、新幹線区間と在来線区間を走行するため E3 系車両をベースとしています。軌道検測装置としては、先頭車に前方画像収録装置を備え、3 号車には 2 台車検測装置付台車を備えています。電力検測装置としては、先頭車に架線離隔測定装置を屋根上搭載し、4 号車には走行・検測兼用のパンタグラフやトロリ線摩耗測定装置、観測ドームなどを装備しています。なお、2 号車と 6 号車には走行用パンタグラフも搭載されており、在来線区間では 1 パンタを上昇させ、新幹線区間では 2 パンタを上昇させて走行しています。パンタグラフは検測データの精度を確保するため 4 号車の走行・検測用パンタグラフが常に先頭となるように上昇パターンを変更させています。信号検測装置としては、ATC 受電器・電車電流受電器などを備え、ATC・DS-ATC、ATS-P に対応できるようにしています。

第3章　車両　〜快適さと安全を提供する鉄道の象徴〜

通信検測装置としては、LCX アンテナや在来線用アンテナを備え、新幹線デジタル・アナログ列車無線および在来線列車無線に対応しています。**図 3.37** に JR 東日本 E926 系新幹線用新型検測車（イースト・アイ）の写真を掲載します。

図 3.37　JR 東日本 E926 系新幹線用新型検測車（イースト・アイ）[10]

（2）新幹線以外の在来線用検測車

　次に新幹線以外の在来線用の検測車の一部を紹介します。

・JR 北海道のマヤ 35 形軌道検測車

　昭和 53 年に製造されたマヤ 34 形の後継車として 2017 年に製造されました。後述する JR 東日本の電気・軌道総合検測車 E491 系（East i-E）をベースとした動力をもたない付随車です。検測機器（前方監視カメラおよび建築限界測定装置）を搭載した専用のキハ 40 系車両を前後に連結して検測を行います。検測項目はキハ 40 系車両を含めて軌道変位、列車動揺加速度、軸箱振動加速度、レール断面形状、前方画像、建築限界、軌道中心間隔、道床断面形状です。

・JR 東日本の E491 系交直流電気・軌道総合試験車とキヤ E193 系電気・軌道総合試験車

　交流区間と直流区間用の E491 系は「East i-E（イースト・アイ・ダッシュE）」、非電化区間用のキヤ E193 系は「East i-D（イースト・アイ・ダッシュD）」の愛称名をもちます。新幹線用「イースト・アイ」の車両コンセプトを受け継ぎ 2002 年に新製されました。

・JR 東海のキヤ 95 系軌道・電気総合試験車

　キハ 75 系をベースとした国内で初の気動車による 3 両編成の軌道・電気総合試験車として、1997 年に導入開始しています。ドクター東海の愛称で軌道関係、電

力関係、信号・通信関係の検測を行っています。**図3.38**にJR東海キヤ95系軌道・電気総合試験車（ドクター東海）の写真を掲載します。

・JR西日本のキヤ141系総合検測車

軌道検測車マヤ34形と電気検測車キヤ191系の取替用として、2006年に2両編成で投入された総合検測車です。**図3.39**にJR西日本キヤ141系総合検測車の写真を掲載します。

図3.38　JR東海キヤ95系軌道・電気総合試験車（ドクター東海)[9]

図3.39　JR西日本キヤ141系総合検測車[2]

・東急電鉄のデヤ7500形動力車・デヤ7550形電気検測車

2012年に「TOQ i（トークアイ）」の愛称名で新製しました。中間に軌道検測車や回送車両を組み込み運用されることもあります。**図3.40**に東急電鉄のデヤ7500形動力車・デヤ7550形電気検測車（TOQ i）の写真を掲載します。

図3.40　東急電鉄 デヤ7500形動力車・デヤ7550形電気検測車（TOQ i)[11]

・京王電鉄のクヤ 900 形軌道架線総合高速検測車

　2008 年に投入しています。愛称名は「DAX（Dynamic Analytical eXpress）」としています。検測時は事業用車デヤ 901 形電車・デヤ 902 形電車と編成を組んで検測を行います。**図 3.41** に京王電鉄クヤ 900 形総合高速検測車（DAX）の写真を掲載します。

図 3.41　京王電鉄クヤ 900 形総合高速検測車（DAX）[12]

3.4.2　営業車両での地上設備検査

　近年では営業車両に地上設備の状態を監視する装置を搭載して検測を実施している例もあります。

（1）新幹線の場合

　2009 年から営業運転を開始している JR 九州の新 800 系では、1000 番台車両に軌道の検測を可能とする装置を搭載し、2000 番台車両には電気・信号・通信の検測を可能とする装置を搭載しています。

　JR 東海では 2009 年から、走行中の軌道の状態を計測し、データをリアルタイムに中央指令などへ送信する軌道状態監視システムを営業列車に搭載しています。さらに 2021 年から、N700S 系車両に走行中にトロリ線の状態（摩耗、高さなど）を計測するトロリ線状態監視システム、走行中にレールに流れる ATC 信号、帰線電流を計測し、取得したデータを定期的に保守部門の現業機関などへ送信する ATC 信号・軌道回路状態監視システムなども搭載予定です。

（2）新幹線以外の普通鉄道での場合

　JR 東日本で線路の状態を遠隔監視できる線路設備モニタリング装置（軌道変位モニタリング装置、軌道材料モニタリング装置）を営業列車に搭載していま

す。**図 3.42** に JR 東日本の線路設備モニタリング装置の写真を掲載します。

　営業車両に検測装置を搭載するためには装置の小型化が必要ですが、営業車両にて地上設備の検測を実施することで、点検作業を効率的かつ高頻度に実施できるメリットがあり、今後の地上設備の検測方法として大いに期待されています。

軌道変位モニタリング装置　　　軌道材料モニタリング装置

図 3.42　JR 東日本線路設備モニタリング装置[10]

3.5 車両基地の災害対策など

　車両基地には、営業から戻ってきた車両の日常的な検査・修繕と清掃、外部洗浄などをして夜間滞泊する検車区（鉄道会社によって車両区などと名称は異なっています。）のみの場合と鉄道工場（重要部検査、全般検査などを担当する箇所）とが一体になっている場合もあります。また、地上設備の保守基地も一体になっている場合もあります。東京地下鉄綾瀬車両基地（**図 3.43**）の場合には検車区と

図 3.43　東京地下鉄綾瀬車両基地
（綾瀬検車区、綾瀬車両工場）

図 3.44　JR 西日本白山総合車両所

第3章　車両　〜快適さと安全を提供する鉄道の象徴〜

工場が一体となっています。JR 西日本白山総合車両所（**図 3.44**）も同様ですが、車両基地は一般的に細長い敷地の場合が多く、1 km 程度の長さで、幅は数百 m 程度の場合が多いです。このような周辺長さの長い用地ですので、部外者の立ち入りに備え、立入り者自身の安全確保か車両や地上設備への損傷防止を図るため、基地の警備には万全を期しています。

3.5.1　車両基地の警備

(1) 夜間の部外者侵入防止

車両基地では、営業線から戻ってきた車両の留置、整備、清掃、洗浄を行い、次の列車として使うために編成を組む作業（組成）を行っています。これらの作業は、昼間と夜間に行われますが、深夜帯では作業も少なく閑散としています。この時間帯に車両基地へ部外者（不審者）が入り込み車両を損傷（ペンキでいたずら書き、部品の窃盗、機器類の操作など）させたりすることがあります。

このような被害が発生すると、車両基地では落書きの消去作業や盗難のあった車両部品の手配などを行うため、当該車両を営業列車として運用する予定時刻までに整備が間に合わず、列車運行を支障することもあります。特に、外観的にわからないいたずらによって一部のブレーキが動作しなくなったりすることがあると安全への懸念も生じます。

このような不審者の立ち入りやテロによる被害を発生させないために常時警備が必要になっています。

ここでは、車両基地での代表的な警備方法について紹介します。

・機械警備

従来は警備員による巡回警備が一般的でしたが、最近は、機械警備へ移行しています。機械警備とは、人の代わりに車両基地内の各所に設置したセンサによって不審者の侵入や設備の不具合などを検知する警備方法をいいます。使われるセンサには、セキュリティカメラ／監視カメラ[3]、赤外線センサ[4]、感圧センサ[5]

※3　セキュリティカメラ／監視カメラは、広く使用されている防犯カメラと基本的には同一ですが、画像解析によって移動する物体を識別し、小動物は除外し人物のみを弁別して自動的に警報を発する方法もあります。
※4　赤外線センサは、カメラでは限界のある夜間での無許可の基地内への立ち入り者を検知します。
※5　感圧センサは、踏んだり押したりすることで動作するセンサであり、人が立ち入ったことを感知します。

などがあります。

　各種センサが異常を検知すると、異常であることを警備会社、警備員詰め所などに通報し、それによってセキュリティ担当者が現場に急行することになります。

　実際には、夜間の警備員を配置しなくなったのではなく、警備員による巡回警備と機械警備とをあわせて運用することで、双方のメリットを活かした警備となっています。

(2) 通常の入出場管理

　一般的な建物への出入りと同様に、基地の周りをフェンスで囲み、出入り箇所を制限したうえでそこでのIDカードなどでの確認する方法ですが、基地の特徴として本線との車両の出入りする箇所がオープンになっています。そこからの人の出入りは、前記のセンサが能力を発揮します。

3.5.2 車両基地の自然災害対策

(1) 浸水対策

　車両基地などの鉄道施設の浸水対策については、計画規模降雨（河川整備において基本となる規模の降雨）での浸水を想定して対策を進めています。例えば、車両の検修庫などでは、建屋の開口部などに止水板や止水壁の設置、また土のうによる浸水対策などを実施しています。さらに、河川の氾濫などによる浸水被害が想定される場合には、車両基地や車両留置箇所から浸水しない駅や車両留置施設などに車両を避難させる対策を実施する事業者もあります。

(2) 庫内緊急地震速報

　大規模震災時における車両基地での初動対応力強化のため、緊急地震速報[6]が発報された際に、検修庫などの作業員に速やかに情報伝達されるように、既設の放送装置に緊急地震速報の放送機能を追加したものがあります。

(3) 車両基地内における雪害対策

　降雪により車両の入換が滞ると、検査・修繕に支障することもあるため、基地内ではさまざまな雪害対策が行われています。

　分岐器の不転換を防止するために分岐器上の雪を除去する融雪装置や、検査・

※6　緊急地震速報は、地震発生直後に、各地での強い揺れの到達時刻や震度を予想し、可能な限り素早く知らせる情報のことです。強い揺れの前に、自らの身を守ったり、列車のスピードを落としたり、あるいは工場などで機械制御を行うなどの活用がなされています[13]。

図 3.45　消雪トラバーサ（JR 西日本白山総合車両所）

修繕庫に検査車両を案内するトラバーサに消雪機能を付加した消雪トラバーサ（図 **3.45**）などが活用されています。

　また、車両のパンタグラフに付着した氷雪を地上などから払い落とすため使用する絶縁棒（除雪棒）が設置されているところがあり、雪害対応訓練として絶縁棒を用いた訓練が定期的に実施されています。

【参考文献】
1）　日本貨物鉄道株式会社
2）　西日本旅客鉄道株式会社
3）　国土交通省：「第 14 回「新幹線脱線対策協議会」の結果概要」添付資料（平成 29 年 12 月 20 日）
4）　近畿日本鉄道株式会社：安全報告書 2020（2020）
5）　阪神電気鉄道株式会社：安全報告書 2020（2020）
6）　京成電鉄株式会社：安全報告書 2020（2020）
7）　南海電気鉄道株式会社
8）　小田急電鉄株式会社：安全報告書 2020（2020）
9）　東海旅客鉄道株式会社
10）　東日本旅客鉄道株式会社
11）　東急電鉄株式会社
12）　京王電鉄株式会社
13）　国土交通省気象庁ホームページ

第4章

信号・通信
～鉄道の安全を守る神経器官～

複数の列車が走行する際にその安全を守るためには、列車の追突や衝突を回避する必要があり、そのために用いられている閉そく装置について紹介します。また、駅構内はネットワーク上に線路が接続されるので、進路の設定に関して安全を守る必要があり、そのための連動装置についてそのしくみや動作原理を紹介します。さらに、指令と駅、乗務員間での情報交換に用いられている通信設備の変遷とともに、無線通信による保安制御という最近の傾向についてもその概要を紹介します。

4.1 信号・通信にかかわる設備の全体像

　まずは、列車運行の安全と安定を司どる信号・通信の全体像から説明します。

　昔は、列車運行の安定はもとより、安全についても駅長や指令員といった人間の注意力を基本として、さまざまな通信手段を使って確保していました。このため、過去には人間のミスなどによる事故が多数発生しており、そのたびに事故防止を目的としたさまざまな信号・通信設備が付加されてきました。

　ちなみに、信号・通信においては、「安全」という用語と、「安定」という用語の位置づけが大きく異なります。「安全」という用語は列車の脱線や衝突を防ぐために列車を停止させることなどを表す用語で、「安定」というのは列車を不用意に停止させないで列車ダイヤどおりに運行させることを表す用語です。この「安全」と「安定」は、一見すると相矛盾する用語になりますが、信号・通信では、この相矛盾する言葉の両方を実現するために日夜取り組んでいます。とはいえ、「安全」は最優先であり、「安定」よりも最上位にあるという考え方がすべての基礎となっています。

　その信号・通信ですが、昔、駅長や指令員が、列車の安全で安定的な運行を担っていたときの名残を受け、設備の枠組みは大きく次の三つに区分されています。

(1) 駅構内

　乗客が乗り降りする駅の構内には、分岐器があり複雑な形態になっていることから、このような複雑な線路における列車の安全を確保するためのしくみが必要となってきます。駅構内における列車の運行は、当該駅の駅長の責任範囲となっていますが、駅構内では、分岐器の転換方向と列車の進行方向を合わせなければなりませんし、列車どうしの衝突防止も図らなければなりません。このため、駅構内には列車の位置を検知する列車検知装置と、運転士に安全な状態や危険を知らせるための信号機、分岐器を転換させる転てつ器があり、これらを総合的に判断して安全な列車の進路確保する連動装置が設備されています。さらに、信号機が危険を知らせている場合は自動的に列車を停止させる ATS（Automatic Train Stop）も設置され、列車の安全を守っています（**図 4.1**）。これらの装置は、総称

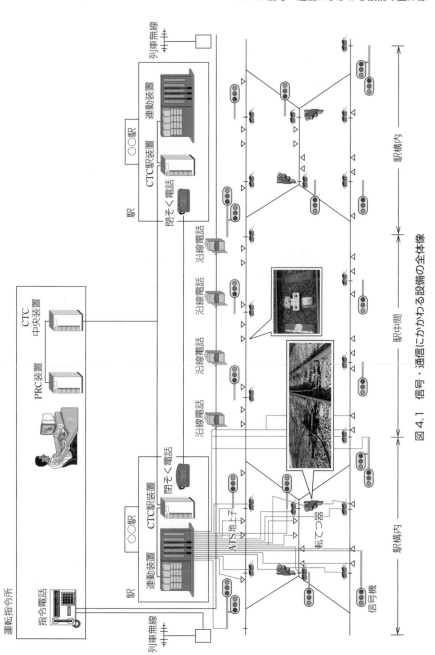

図 4.1　信号・通信にかかわる設備の全体像

第4章　信号・通信　～鉄道の安全を守る神経器官～

して信号保安設備と呼ばれています。

　また、隣接の駅長どうしで、列車の発車と列車の受入れを連絡するときには、この連絡手段として閉そく電話も必要となってきます（図4.1）。これらの装置は、総称して通信設備と呼ばれています。

(2) 駅中間

　乗客の移動を実現するため、列車を駅構内から次の駅構内へと走行させるには、駅中間の列車を安全に運行させるためのしくみが必要となってきます。駅中間では、列車どうしの進行方向をそろえ、列車相互の間隔を保って衝突防止を図らなければなりません。このため、駅中間には列車の位置を検知する列車検知装置と、運転士に安全な状態や危険を知らせるための信号機、列車の進行方向を揃えて列車どうしの間隔を確保するための閉そく装置、信号機が危険を知らせている場合は自動的に列車を停止させるATSが必要となってきます（図4.1）。これらの装置も、信号保安設備と呼ばれています。

　また、駅中間において、保守係員や運転士が、指令と連絡する必要がある場合に用いられる沿線電話も設備しており、これは、通信設備の一つとなっています（図4.1）。

(3) 運転指令所

　列車を駅構内と駅中間も含めて管理して、列車を計画どおりに滞りなく運行させるための設備が運転指令所です。運転指令所には、鉄道の商品である列車ダイヤを守るために、駅構内および駅中間の列車の運行状況を把握して、列車ダイヤどおりに駅構内から列車を出発させ、駅構内へと進入させるように制御するための運行管理装置（PRC：Programmed Route Control）と、それらの情報を駅構内と運転指令所間でやりとりするための列車集中制御装置（CTC：Centralized Traffic Control）が設備されています（図4.1）。これらの装置は、駅構内と駅中間の設備と合わせて信号保安設備と呼ばれています。

　また、駅長や運転士と指令との連絡手段として、指令電話や列車無線、沿線電話が設備されています（図4.1）。さらには、列車の脱線やさまざまな異常事態などが発生したときに、付近を走行している列車を緊急に停止させる場合に用いられる防護無線も設備しています（図4.1）。これらの装置も、通信設備です。

4.2 信号保安設備

4.2.1 信号保安設備に関する基本理念

　それぞれの信号保安設備の役割やしくみの話に入る前に、信号保安設備の基礎となる三つの事柄について触れます。

（1）フェールセーフ

　フェールセーフ（Fail Safe）という言葉は、設備はいかなる異常が発生したときでも、必ず安全側に制御されなければならないという考え方を示した用語です。つまり、設備に何らかの異常が発生した場合には、その状況に応じて、安全側（例えば、信号機でいうと停止の信号、列車検知装置でいうと列車がある状態）になるようにするという概念です。

　例えば、なんらかの制御が利かなくなった場合は重力の作用により停止の信号が示されるようにすることや、電気がなくなったら同じように停止の信号が示されるようにすることであり、フェールセーフな設備の場合、一般的にはエネルギーが低い状態を安全側に定義します。このため、信号保安設備の場合は、信号機が滅灯していれば停止の信号を示していることを意味します。これは、電源が停電しても、情報を伝送しているケーブルが切れても、いずれも安全側になるようにするためです（**図4.2**）。

　このフェールセーフという概念は、信号保安設備を安全に保つための重要な概念となっています。この概念は、コンピュータを使った装置の場合にも適用され、さまざまなしくみを施すことで、コンピュータがフェールセーフに動作するように作られています。

（2）駅長や指令員も含めた列車の運行を確保している関係者間の調整

　前述のように、フェールセーフという信号保安設備を形づくるための重要な考え方を確保するためのしくみも大切なのですが、列車の運行の確保に関係する者、すなわち人間が関与する場合には、関係者間の調整も重要となってきます。どのような乗客を対象に、どのような列車速度で、どのような車両構造で、どの

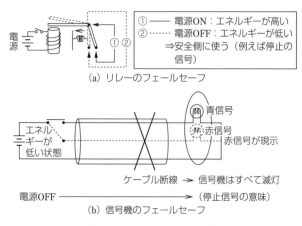

図 4.2　フェールセーフの例

ような列車長で、区間ごとにどのぐらいの列車頻度で、どのような列車種別（特急や急行、普通など）で、そのために列車はどこに止めておくのか、乗客が乗り降りするための駅での停車時間はどのぐらいに設定するか、将来の乗客の利用状況はどうなるのか、ホームの数はどのぐらい必要か、分岐器の配置はどうするのか、駅構内での列車の分割や併合はどうするか、などのさまざまな前提条件を、列車運行の関係者と調整して、その前提条件に適合した信号保安設備を作っていく必要があります。例えば、1968 年 7 月 29 日高崎線籠原駅で発生したあわや列車衝突事故のように、関係者間の調整に抜けが生じた結果、必要な信号保安設備の機能が不足し、安全を損ねた事例も実際に起きています。

(3) 工事、保守、管理の大切さ

　フェールセーフを確保し、列車の運行を確保している関係者との調整を誤りなく行ったうえで、安全な列車運行を実現するには、信号保安設備を設計し、工事を行い、試験を実施して、維持管理のための保守が重要です。日夜、信号保安設備の安全と安定を継続的に確保する活動が安全を支えています。もちろん、信号保安設備の設計や工事では各段階で何重ものチェックを行い、それを現場に持ち込んで、夜間の列車が運行していない時間帯に機能の確認試験が行われます。そして、朝方になれば、次の日の列車運行のために設備をそれまでの形に戻し、また、夜間になれば、試験および確認を実施するということを何度も繰り返します。

　こうして使用開始された信号保安設備も、その後は、設備の種類により、3 か

月、6か月、1年、2年などの間隔で定期的に保守・点検を実施していきます。この保守・点検は省令で定められていますが、装置そのものの機能の健全性はもとより、木や草、土壌などの物理的な要因による影響がないか、昆虫、動物などの要因による影響がないかなどの点検も含めて実施しています。さらには、列車の安全・安定輸送のため、省令で定められた以上の保守・点検を実施している例もあります。

4.2.2 列車どうしの衝突を防ぐ閉そく装置

(1) 閉そく装置の基礎

　列車どうしの衝突を防ぐためには、まず、異なる列車どうしの間隔を確保しなければなりません。そのための方法として、鉄道では、時間間隔法と空間間隔法があります。

　時間間隔法は、最初に出発した列車のあと、ある一定の時間をおいて、次の列車を出発させ、安全な間隔を確保するという方式です。ただし、この時間間隔法では最初に出発した列車がなんらかの緊急事態で停止してしまっているときに、次の列車を停止させる手段がなく列車どうしの衝突を防げない場合があることや、安全を最優先するあまり、一定の時間を長くとる傾向となり、列車の本数を増やせないという、安全面および安定面の両方から見ても問題がある方法でした。したがって、昔は時間間隔法も適用されていましたが、現在の日本では路面電車の一部を除き適用されていません。

　一方、空間間隔法は、線路をある一定の空間（距離）をもつ区間に区切って、その一つの区間には他の列車を入れずに、列車どうしの間隔を確保するという方式です。この考え方が、信号でいういわゆる「閉そく」という概念であり、列車どうしの衝突を防ぐために列車どうしの安全な間隔を確保する基本的な考え方です（図4.3）。また、その一定の区間のことを「閉そく区間」といいます。

　閉そくをもとにした安全の確保には、閉そく区間に列車が在線しているか否かの情報が必要になります。この列車の在線を自動的に検知する装置のことを列車検知装置といい、主に軌道回路（4.2.2項（5）でわかりやすく説明します）が用いられています。

　さらに、閉そく区間に列車が在線しているか否かを運転士に知らせるものが信号機です。

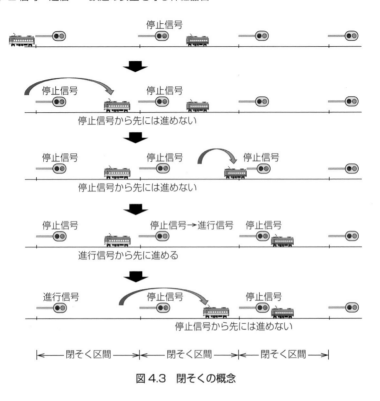

図 4.3　閉そくの概念

　万が一、運転士が停止信号を見落とした場合には、他の列車が占有している閉そく区間に進入してしまう可能性があるので、それを防ぐしくみとして ATS があります。ATS は、停止信号を万が一運転士が見落とした場合に、列車を自動的に停止させて、他の列車が占有している閉そく区間に進入することを防いでいる設備です。この ATS については、4.2.3 項で詳しく紹介します。

　さらに、閉そく区間の距離も重要になります。運転士が停止信号を確認して、ブレーキをかけてから、列車が停止するまでの距離は、一般的に 600 m となっています。ただし、600 m を 1 閉そく区間とすると列車の間隔を詰められないため（図 4.4（a））、一般的には、閉そく区間をもっと短い区間とし、停止信号の手前に「黄信号（注意信号）」などの減速の意味をもつ信号を設けて、列車密度の向上と安全性の確保の両立を図っています（図 4.4（b））。

　この閉そくにおいてもう一つ重要なことは、列車の進行方向は駅中間では一方

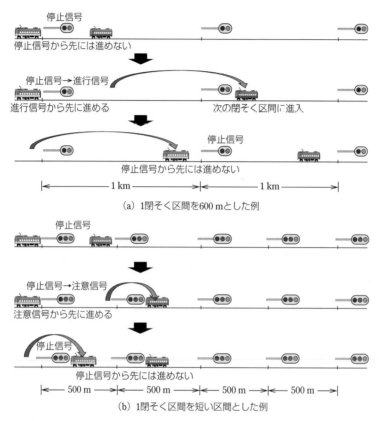

（a）1閉そく区間を600 mとした例

（b）1閉そく区間を短い区間とした例

図 4.4　閉そく区間長短縮による列車密度向上の例

向に限定しているということです。つまり、一つの駅中間では、お互いの列車は同じ方向に進むことが原則となっているため、万が一、駅中間で列車が逆の方向に進んできた場合には列車は衝突してしまいます（**図 4.5**）。したがって、駅中間ではすべての列車の方向は同じ方向とするしくみが必要です。

　次に、閉そく装置のしくみについて説明します。

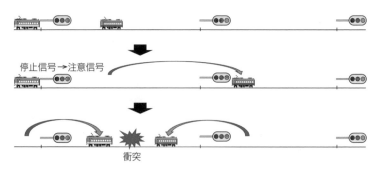

図 4.5　駅中間における列車の進行方向不一致による列車衝突の例

(2) 閉そく装置の種類

閉そく装置の種類には、大きく三つあります。すなわち、現在では一般的に広く用いられている複線自動閉そく式の閉そく装置と単線自動閉そく式の閉そく装置、そして現在は数が少なくなった非自動な閉そく装置です。自動閉そく式の閉そく装置とは、軌道回路などの列車検知装置を用いて（4.2.2 項（5）で詳しく説明します）、列車の在線を自動的に検知して信号機の信号を自動的に制御するものです。また、非自動な閉そく装置とは、閉そく自体は閉そく装置で安全を担保するものの、信号機の信号制御は、人間が行うものです。

(3) 複線自動閉そく式の閉そく装置

まずは、複線自動閉そく式の閉そく装置ですが、複線の場合、上り線や下り線ごとに列車の進行方向が決められているので、駅構内から出発する列車は決められた線路（上り線や下り線）にしか進入できないようになっています。このしくみにより、列車どうしの進行方向の統一が実現されます。このしくみは、4.2.5 項で説明する連動装置の機能を活用します。つまり、駅構内から出発する列車は決められた線路にしか行かないような信号機しか存在せず、その信号機に進行信号が表示された（信号では、この表示されることを現示といいます）場合には必ず決められた線路にしか走行できないようにしています（**図 4.6**）。

駅中間に出ると、決められた方向から来る列車にしか見えないよう信号機が設置されており、先行する列車の位置関係により、後方の列車には停止信号や注意信号が現示されます（図 4.4）。より列車密度を大きくするためには、閉そく区間を細分化し、あわせて、後方の列車に現示する信号も「黄信号が 2 灯点灯」する警戒信号と、「黄信号と青信号が2灯点灯」する減速信号など多現示化してブレー

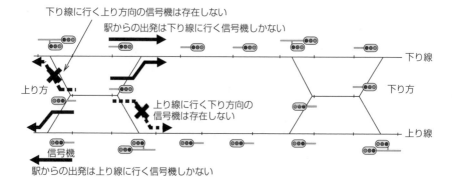

図4.6　駅構内から出発する列車における進行方向の統一

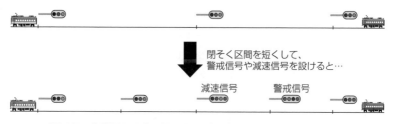

図4.7　自動閉そく式の信号現示の例（警戒信号および減速信号）

キ距離を確保します（**図4.7**）。

　ちなみに、進行信号は、その閉そく区間で決められた最高速度以下の速度で走行してもよいという意味で、停止信号はその信号機の手前に停止しなければならないという意味、警戒信号や減速信号は、その先にもっと制限のある信号があることを運転士が予期しながら、それぞれの線区で定められた速度以下で走行してもよいという意味です。

（4）単線自動閉そく式の閉そく装置

　次に、単線自動閉そく式の閉そく装置ですが、単線の場合、一つの線路を上り列車と下り列車で共用するので、駅構内から列車を出発させる際、隣の駅長と連絡をとり、両駅間の運転方向を決める必要があります。運転方向は、両方の駅で扱う「方向てこ」で決められます。ある駅と隣の駅の方向てこの向きが揃うと列車の進行方向が固定され、その方向てこと隣の駅から出発させるための信号機との連鎖（連鎖については、4.2.5項を参照）により、列車の正面衝突を防ぐことができます。列車の進行方向が定まった後は、複線自動閉そく式の閉そく装置と同

第4章　信号・通信　〜鉄道の安全を守る神経器官〜

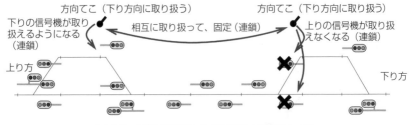

図4.8 単線自動閉そく式の閉そく装置のしくみ

じ考え方で、列車の在線を自動的に検知して信号機の信号を自動的に制御します。そして、列車の在線がなくなるまで、方向てこを一方向に固定します（これを鉄道では、「鎖錠」と呼びます）（**図4.8**）。

この単線自動閉そく式の閉そく装置が設置されている区間は、自動的に閉そくが確保されているため、列車の正面衝突は発生しません。しかし、閉そく装置の故障などで、駅長などの人間の注意力のみで列車の進行方向を定めた場合には、注意が必要です。1991年5月14日に発生した信楽鉄道における列車の正面衝突も閉そく装置の故障が発生し、隣接駅との連絡が不十分なまま列車を出発させたことによるものでした。閉そく装置は、フェールセーフに作られているため、故障すると列車が走行できなくなる（安全側）のですが、その際、人間系による確認が不十分なまま出発させると危険な事象が発生することもあります。したがって、閉そく装置の工事・保守・管理には細心の注意を払い、できるだけ人間系による取扱いが行われないようにすることが大事です。

(5) 列車の在線を自動的に検知する軌道回路

閉そく装置の最後に、この閉そく装置の機能として安全上非常に重要な機能である列車の在線を自動的に検知する機能、軌道回路について簡単に説明します。列車の在線を自動的に検知する方式にはさまざまありますが、信号保安設備では、軌道回路が広く使われています。

この軌道回路は、線路にある2本のレールに電気を流すことで、列車が在線していないときは、レールに流れる電流を末端にあるリレーで受けて、列車在線がないことを自動的に検知します。

これに対し、列車が進入してレール上に車輪が乗ると、車輪により、電気的に短絡されるため、電気が末端まで伝わらずリレーが動作せず、列車在線が自動的に検知できます（**図4.9**）。この軌道回路も、レール破断や、ケーブルが断線した

り、停電時には、リレーに電気が来なくなりリレーが動作しないので、列車在線と等価の状態となり、フェールセーフに制御されるようになっています。

さらに二元三位形軌道回路では、この軌道回路に流す電流の位相を変化させることにより、前方の列車の在線状態を後方に伝えることで、信号機間のケーブルを使うことなく、後方の信号機の停止信号、注意信号、進行信号を制御できます（**図4.10**）。すなわち、受信した軌道回路電流の位相を基準として判別しています。

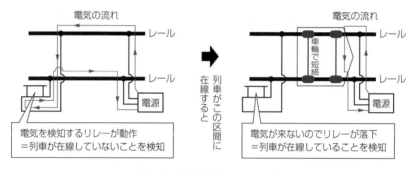

図4.9　軌道回路のしくみの例

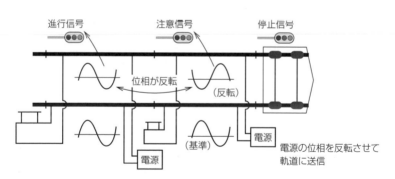

図4.10　軌道回路による後方の信号機制御

4.2.3　ヒューマンエラー防止対策で発展してきたATS

ATS（自動列車停止装置）は、前述したように、万が一、運転士が停止信号を見落とした場合に、列車を自動的に停止させて、他の列車が占有している閉そく区間に進入することを防いでいる設備です。

このATSは多くの種類があります。これは、ATSがさまざまなヒューマンエ

ラーによる事故の対策として変遷してきたことに起因しています。ATSの歴史は非常に長いのですが、例えば、1962年5月3日に発生した常磐線三河島駅における列車衝突事故は、百数十名の尊い命が奪われた代表的な鉄道事故であり、ATS導入の大きな転機となりました。

その後は、1973年12月26日に発生した関西本線平野駅での信号及び分岐器制限速度超過による列車脱線事故を契機として、より保安度の高いATS-Pという方式が開発されました。その後、1988年12月5日に発生した中央緩行線東中野における列車追突事故をきっかけとして、車上対地上の双方向伝送が可能なトランスポンダを用いたATS-Pという方式のATSがJR東日本とJR西日本で導入されました。さらに、2005年3月2日の土佐くろしお鉄道での列車の駅終端車止めへの衝突事故や、2005年4月25日の福知山線での曲線における速度制限超過による列車脱線事故を受け、車止めや曲線、分岐器といった信号ではない箇所の速度照査も必須とされ、今日のATS設置へとつながっています。

次に代表的なATSを紹介します。ATSには、大きく分けて、点制御方式と連続制御方式があります。

(1) ATS-S形と変周式ATS

まずは、国鉄時代から用いられていた変周式のATSであるATS-S形についてしくみを説明します。この方式は点制御の一つであり、車上には車上子、地上には地上子を設備します。地上子は、コイルとコンデンサからなる LC 共振コイルで、停止信号のときには130 kHz、それ以外のときは103 kHzに共振するよう切り換えられます。車上子は、常時105 kHzで共振していますが、停止信号の地上子上を通過すると、車上子の共振周波数が地上子の共振周波数130 kHzに引き込まれ、130 kHzで発振します。この周波数の変化（変周といいます）を車上で把握して、停止信号であることを検知します。停止信号を車上子を経由して検知すると、車上では警報音（ブザー）が鳴り、停止信号であることを運転士に知らせます。ブザーの鳴動音を聞いた運転士が5秒以内に確認扱いを行うとブザーはチャイム音に変わりますが（図4.11（a））、確認扱いを行わないと非常ブレーキが動作し列車は止まります（図4.11（b））。確認扱いは、ブレーキハンドルをブレーキ位置に置き、確認ボタンを押す操作です。その地上子の位置は、停止信号を現示している信号機から、車上子と地上子が電磁的に結合した後に、5秒間に進む距離と、ブレーキ制御を行い停止信号の手前までに停止できる最大の距離

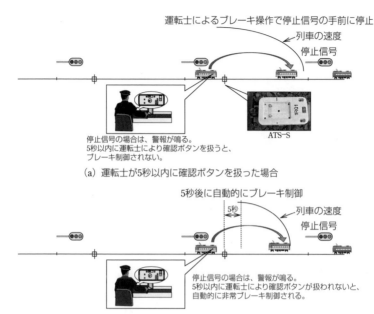

運転士によるブレーキ操作で停止信号の手前に停止

列車の速度

停止信号

停止信号の場合は、警報が鳴る。
5秒以内に運転士により確認ボタンを扱うと、
ブレーキ制御されない。

ATS-S

(a) 運転士が5秒以内に確認ボタンを扱った場合

5秒後に自動的にブレーキ制御

5秒

列車の速度

停止信号

停止信号の場合は、警報が鳴る。
5秒以内に運転士により確認ボタンが扱われないと、
自動的に非常ブレーキ制御される。

(b) 運転士が5秒以内に確認ボタンを扱わなかった場合

図4.11　変周式のATSの基本的なしくみ

600 mを加えた箇所に設備されます。

　しかしながらこの場合だと、運転士が確認ボタンを扱った後は、ATSによる停止が期待できないことから、確認ボタン扱い後に停止信号を超えてしまう事象や、一旦停止後に運転士が停止信号を誤って認識して停止信号を超えてしまうことによる事故事象が発生していました（**図4.12**（a））。そこで、確認扱いを無効にしてそのまま非常ブレーキを動作させる変周式の地上子を信号機のごく近い位置に設備したり（図4.12（b））、次に説明するATS-Pへの展開を行ったりすることで、運転士が停止信号を誤って超えようとしても、ブレーキが自動的に制御されるしくみが取り入れられました。

　この変周式のATSには、他に、2個の地上子を設備して、二つめの地上子を一定時間以内に受信したときにブレーキを動作させることで列車の速度を照査する方式や、地上子の共振周波数の種別により速度照査パターン（Yパターン、Rパターン、フリー）を切り換えて連続的に速度を照査して危険な速度の場合に限り列車のブレーキを制御するATSも民鉄で使われました。

第4章　信号・通信　〜鉄道の安全を守る神経器官〜

105

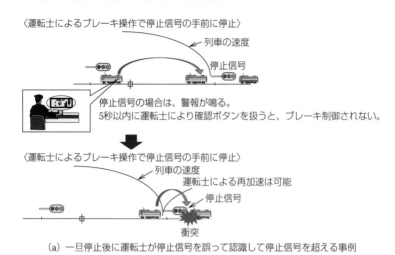

（a）一旦停止後に運転士が停止信号を誤って認識して停止信号を超える事例

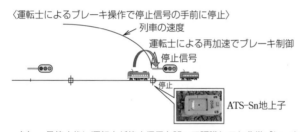

（b）一旦停止後に運転士が停止信号を誤って認識しても非常ブレーキを制御する事例

図 4.12　停止信号にごく近い位置の ATS 地上子の配置

(2) ATS-P 形

　次に、運転士が確認ボタンを扱ったのちは、ATS による停止が期待できなくなるという ATS-S 形の欠点を補うために開発された ATS-P 形についてしくみを説明します。この方式は点制御の一つであり、変周式の ATS と同様、車上には車上子、地上には地上子を設備します。ただし、この車上子と地上子は変周式の ATS の車上子および地上子と異なり、トランスポンダにより車上子および地上子相互にデジタル通信を行い、停止信号の情報だけでなく、停止信号までの距離情報などさまざまな情報を車上に送ることができます。この地上子を通過すると、車上は車上子を介して停止信号までの距離情報を受信することができるので、車上では停止信号までのデジタル的な速度照査パターンを発生させ、現在の

列車速度と速度照査パターンの指示速度とを比較し、現在の列車速度がその指示速度を超えていたら、自動的にブレーキ制御を行い、列車を停止信号の手前に停止させます。地上からの情報を距離情報としたことで、ブレーキ性能の異なる車両も共通にパターン式の ATS が実現できることになりました（**図 4.13**）。

しかしながら、この方式の場合、点制御であることから、地上子を通過した後は、情報を受信することができないので、例えば、地上子を通過した後に、停止信号から進行信号に変化しても、列車の速度を上げることができません（**図 4.14** (a)）。このため、停止信号の手前に複数の停止信号までの距離情報を更新する地上子を設備して、列車の速度を速やかに上げることができるようにしています（図 4.14 (b)）。

ATS-P 形の場合は、車止めまでの距離や、曲線または分岐器までの距離と制限速度といった情報も地上子から車上に送ることができることから、信号ではない箇所の速度制限制御にも対応可能な ATS となっています。

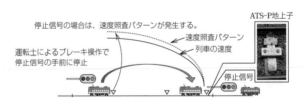

（a）運転士によるブレーキ操作で停止信号の手前に停止する事例

（b）速度照査パターンにより自動的にブレーキ制御を行い停止信号の手前に停止する事例

（c）速度照査パターンにより停止後、進行信号により速度照査パターンが更新される事例

図 4.13　ATS-P の基本的なしくみ

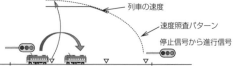

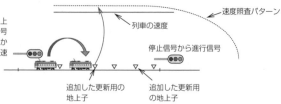

（a）停止信号から進行信号に変わっても列車の速度を上げられない事例

（b）停止信号から進行信号に変わったら速やかに列車の速度を上げられる事例

図 4.14　距離情報を更新する ATS-P 地上子の配置

（3）C-ATS

　次に、これまで説明してきた点制御方式とは異なる方式である連続制御方式の一例として C-ATS についてしくみを説明します。C-ATS は首都圏で相互直通運転を行っている鉄道会社間の異なる運転制御区間をまたがって運行可能な車上装置で実現しています。本方式の導入は会社によって、その時期が異なるために、従来の ATS 区間における走行も可能となるように配慮されています。このため相互乗り入れをしている会社が同時にこの方式に切り替える必要はなく、任意の区間から導入することができます。

　さらに、後述のデジタル ATC と同等の機能を有しており、ブレーキ制御のほか、ブレーキ開始点への接近情報の表示など運転情報の充実が講じられています。ATC との違いは、運転士が主体となり地上に設置されている信号機の現示に従って列車を運転する点です。

　また、相互乗り入れのために鉄道会社の境界では運転制御の切替えを伴いますが、この切替えは地上信号の切替りを車上装置が検知して、自動的に乗り入れ先の制御方式に切り替えることができま

表 4.1　軌道へ送信する符号情報伝送内容

	情報名	ビット数
各社共通	各社種別	4 bit
	上下線	2 bit
	軌道 ID	3 bit
	勾　配	4 bit
	内外方連続性照査	1 bit
各社仕様	制　御	6 bit

す。地上装置は列車の進路と位置やブレーキ条件をデジタル符号情報の信号（**表4.1**）として軌道へ送信することで列車制御と列車検知を行います。車上装置は1台の装置で会社ごとに異なる運転制御パターンに自動で切り替わります。

4.2.4 新幹線や高密度線区向けに発達してきた ATC

　運転士に安全や危険を知らせるための信号機は、進行信号、減速信号、注意信号、警戒信号、停止信号と、一部「黄信号と青信号が2灯点滅」する抑速信号がありますが、首都圏のように列車頻度をもっと上げたいというニーズに答えるためには、さらに信号の種類を増やすことが考えられます。しかしながら、これ以上信号の種類を増やすと、人間が識別できなかったり、運転士が誤認したりする懸念がありますので、物理的な信号機に変わる方式を考える必要があります。

　そこで、用いられるのが ATC（Automatic Train Control：自動列車制御装置）というしくみです。このしくみは、列車の間隔を確保するための速度や曲線または分岐器の制限速度を、直接、列車の運転台に現示する方式です。さらに、ATS が信号機の現示に従った運転士のブレーキ操作のバックアップ的な設備となっているのに対し、ATC は速度情報を連続的に列車の運転台に現示する一方、運転士を介さずに列車の速度と速度情報の現示を連続的に照査して、列車の速度がATC による速度情報を超えた場合は、自動的にブレーキ制御を行い、速度情報以下になったら、自動的にブレーキを緩める機械優先の方式です（**図4.15**（a））。

　ATC は、連続制御方式であるため、ATC の速度情報が上がった場合も、すぐにブレーキが緩められ、現示された速度情報に上げることができます（図4.15（b））。この方式は、地下で信号機の視認距離が取れない線区や、新幹線の高速走行のように物理的に人間の視力だけに頼れない鉄道でも用いられています。ATC の速度情報を地上から列車に送るには、レールに各速度情報に割り当てられた周波数の ATC 信号を流し、それを列車の先頭にある受電器で受信することで行われます。

　ただし、この方式の場合、ブレーキ制御が階段状となり、ブレーキの制御とブレーキを緩める動作が繰り返され、乗り心地が悪いばかりでなく、階段の平坦となっているところは、列車の間隔が広くなってしまう無駄な区間となる問題がありました。これを改善するために、レールにデジタル情報を流し、停止が必要な区間を地上から列車に伝えることで、その区間までの単一の速度照査パターンを

第4章 信号・通信　〜鉄道の安全を守る神経器官〜

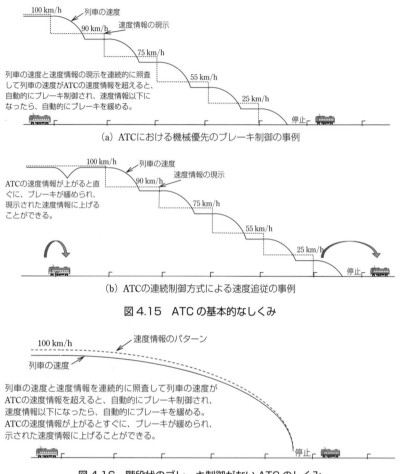

（a）ATCにおける機械優先のブレーキ制御の事例

（b）ATCの連続制御方式による速度追従の事例

図4.15　ATCの基本的なしくみ

図4.16　階段状のブレーキ制御がないATCのしくみ

発生させ、速度を照査することで、階段状のブレーキ制御を改善するデジタル ATC も用いられています（**図4.16**）。

　ATC は、信号機を運転士が確認して運転するによる方式と違って、列車の間隔を確保するための速度や曲線または分岐器の制限速度などの速度情報を列車で保有し自動的にブレーキ制御を行うので、列車が自動的に駅から加速して、次の駅で停車する、自動運転との親和性も高い方式となっています。

　また、従来の ATC は、レールに ATC 信号を流して情報を伝える方式でした

が、最近では、ATACS や CBTC のように無線を使って情報を伝える方式も導入されてきています。これらの無線を使った方式は、地上から列車に情報を送るだけでなく、列車から地上にも情報を送ることができるので、列車の位置を列車自らが地上に申告することができ、軌道回路という現場の環境に左右されるような設備が不要となるメリットもあります。

4.2.5 駅における線路の交差や分岐箇所の安全を守る連動装置

(1) 連動装置の基礎

駅構内には、多くの分岐器があり複雑な線路構成となっています。

その理由は、線路構成を決めるためには、以下のような要素を考慮します。まず、列車の頻度や列車種別（特急や急行、普通）と乗客の利用状況により必要なホームの数が決まってきます。さらに、乗客がわかりやすいように、特急ホームを分けたり、行き先別にホームを分けたりする必要もあります。また、特急列車が普通列車や貨物列車を追い抜くために必要な線路も必要となってきます。

必要なホームの数が決まったら、次は駅構内のスペースにどのように分岐器を配置していくのか検討していきます。分岐器の開いている角度が小さいと、列車が高速で分岐器上を通過できますが、配置するためのスペースが広く必要になります。逆に、分岐器の開いている角度が大きいと配置するためのスペースは狭くて済みますが、列車は低速でしか分岐器を通過できないうえ、乗り心地も悪くなります。さらには、列車運用上の都合から、一時的に駅構内に列車を止めておく必要があるのであれば、これに伴う線路も必要となってきます。

これらを、決められたスペースに、どのように配置していくのかを決めてようやく駅構内の基本的な線路構成が決まります。これに、信号機を設置するスペースや信号機の見通し、軌道回路を作るための制約条件などを加味して、最終的な線路配線が決まります。

線路配線が決まったら、次は、どのように列車を動かすか、どの線路からどの線路に動かす必要があるか、駅構内が大きい場合は、信号機を複数設置して、できるだけ列車と列車の間隔を詰めるようにするか、列車の運用上分割や併合が必要か、列車の運用の都合で乗客が乗らない状態で駅構内を移動させる必要があるかどうかなどを加味して、連動の基本となる進路を決めていきます。この進路は、それぞれが列車を移動させる範囲を示しており、また同時に、それぞれの進

第4章 信号・通信 〜鉄道の安全を守る神経器官〜

路が安全を確保している範囲を示しています。つまり、ある進路の信号機に進行信号を現示するということは、その進路を安全に走行できる状態であるということを表しています。

　また、それぞれの進路や分岐器、軌道回路には、駅長や運転士が間違わないようにするために、固有の番号が付してあり、また、分岐器にはそれぞれの開通方向を示すために、定位（線路図の矢羽根のシンボル）と反位の方向が決められています（**図4.17**）。一つの進路は、基本的に一つの信号機に紐づけられており、昔は分岐器を人間により転換を行い、その開通している方向を照査して、信号機に進行信号を現示するしくみをとっていました。いまでは、電気により分岐器の転換を行い、その照査についてもリレーやコンピュータを用いて実現しています。

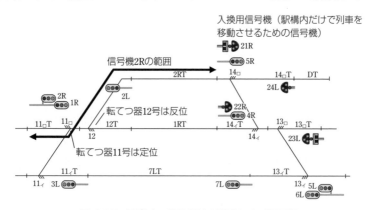

図4.17　駅構内の線路配線と進路および信号機

　その分岐器を電気で転換するための転てつ器は、駅長などが選択した進路により、分岐器の開通方向を転換して、その結果を照査し、その後、その進路が確保されている間は、その開通方向を維持するという機能（鎖錠といいます）をもっています。ここでは、詳細のしくみは省きますが、電気モータで転換し、リレーなどのスイッチにより定位や反位といった開通方向の照査やその後の鎖錠を行っています（**図4.18**）。

　駅構内における列車の運行は、当該駅の駅長の責任範囲となっていますが、駅構内では、分岐器の転換方向と列車の進行方向を合わせなければなりませんし、列車どうしの衝突防止を図らねばなりません。このため、駅構内には列車の位置を検知する軌道回路と、運転士に安全や危険を知らせるための信号機、分岐器を

(a) 転てつ器定位

(b) 転てつ器反位

図4.18　転てつ器の機能

転換させる転てつ器、これらの情報を総合的に判断して安全を確保する連動装置が必要となってきます。さらに、信号機が危険を知らせている場合は自動的に列車を停止させる ATS（Automatic Train Stop）が加わり、駅構内における列車運転の安全を守っています。

　ケーススタディとして図4.17の信号機2Rを考えた場合、2Rの信号機からその範囲である2RTまでの範囲（防護範囲と呼びます）において、列車を安全に走行するために連動装置が行っている機能を説明します。

(2) 信号機と転てつ器の連鎖

　ここでは、信号機と転てつ器の連鎖の具体例として、信号機2Rと11号および12号転てつ器の連鎖を説明します。まずは、駅長などが信号機2Rを取り扱います（これを、2Rを反位に扱うといいます）。そうすると、信号機2Rの防護範囲となっている転てつ器11号は定位（**図4.19**の矢羽根のある側）、転てつ器12号

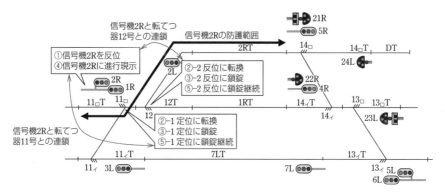

図4.19　信号機と転てつ器の連鎖

113

は反位（図 4.19 の矢羽根のない側）に転換し、その開通方向を照査して、決められた開通方向に転換していることを確かめます。

その後に、例えば、駅長などにより、誤って、信号機 1R が取り扱われたり、転てつ器 12 号を定位に転換しようとしたりした場合、それをできないようにしなければなりません。これが、信号機 2R と転てつ器 12 号の連鎖であり、いったん、信号機 2R により転てつ器 12 号が反位に転換して鎖錠し、信号機 2R に進行信号を現示した後は、信号機 2R の取扱いをやめるまで、転てつ器 12 号の反位を鎖錠して動かないようにしています。（転てつ器 11 号についても同様です）これらの一連のしくみを「信号機と転てつ器の連鎖」といい、連動装置の重要な機能の一つとなります（図 4.19）。

(3) 信号機の信号制御

さらに、信号機 2R の軌道回路による信号制御を説明します。信号機 2R による 11 号および 12 号転てつ器の鎖錠の後、信号機 2R の防護範囲に他の列車が存在しないかどうかをチェックしなければなりません。このチェックは、信号機 2R の範囲に設けた軌道回路 11T と 12T、2RT により、他の列車がないことを確認することによって行われます。(1) の鎖錠と、この防護範囲の軌道回路による信号制御の確認が終わると、信号機 2R に進行信号が現示されます。これらの一連の機能は「信号制御」といい、連動装置の重要な機能の一つです（**図 4.20**）。

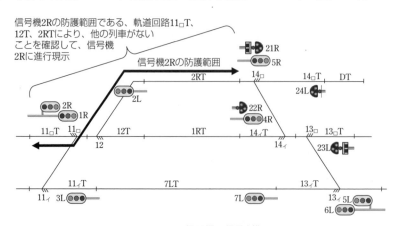

図 4.20　信号機の信号制御

(4) 信号機相互間の連鎖

ここで信号機 2R に信号進行を現示するために一つチェックしておかなければならない条件があります。それは、信号機 2R と防護範囲を共有している信号機5L です。信号機 2R と信号機 5L（対向の進路といいます）は、軌道回路 2RT を共通の防護範囲となっているため、それぞれが関係する転てつ器を転換鎖錠し、防護範囲に他の列車が存在しないことをチェックして、それぞれに進行信号が現示されたら列車の正面衝突の恐れがあります。これを防ぐために、防護範囲を共通にもつ信号機が扱われていないかどうかを確認してから、該当する信号機に進行信号を現示することも必要となってきます。これらの一連のしくみは「信号機

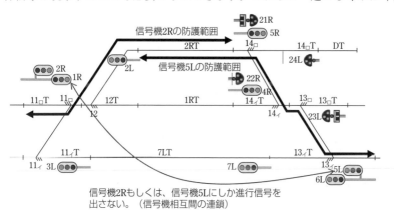

（a）対向の進路における信号機相互間の連鎖

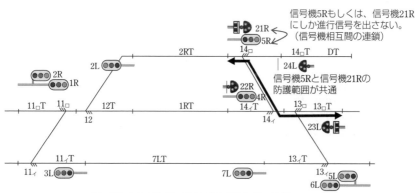

（b）同じ方向の進路における信号機相互間の連鎖

図 4.21　信号機相互間の連鎖

相互間の連鎖」といい、これも連動装置の重要な機能の一つです（**図 4.21**（a））。

　この場合、対向の進路ばかりでなく、信号機 5R と 21R のように同じ方向で同じ転てつ器の開通方向である進路どうしの連鎖も必要となってきます。これは、同じ位置にある運転士に種類の異なる信号機を同時に見せないようにするために必要となってくる機能です（図 4.21（b））。

　次に、列車が信号機の進行現示に従って進んで行った場合の連動装置の機能について説明します。

（5）進路鎖錠・区分鎖錠

　信号機 2R に進行信号が現示され、列車が信号機 2R の防護範囲の中に進んできます（信号機からこの進入する方向の区間を信号機の内方といい、その反対の区間を信号機の外方といいます）。そうすると、駅長などは、他の列車のための進

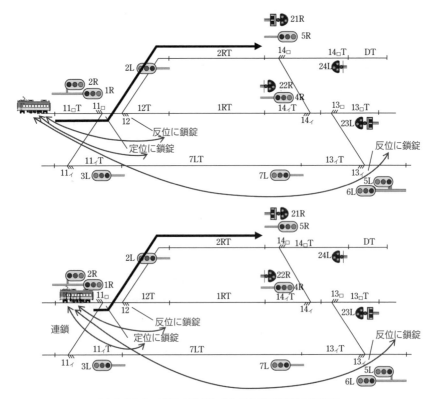

図 4.22-1　列車の進行に合わせた進路鎖錠の遷移図

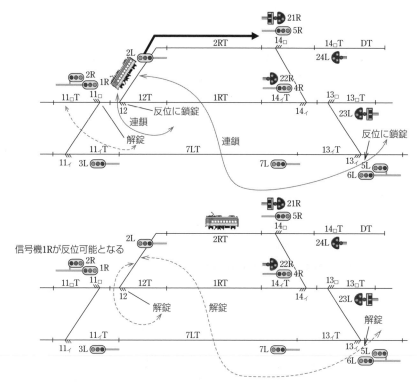

図 4.22-2　列車の進行に合わせた進路鎖錠の遷移図

路の準備をします。つまり、信号機 2R の取扱いをやめます（これを、2R を定位に扱うといいます）。そうした場合でも、転てつ器との連鎖や信号機相互間の連鎖は確保しなければなりません。このためのしくみを進路鎖錠といいます。この進路鎖錠は、列車が進路の着点に入り切るまで継続されます。これに対し軌道回路の区分ごとに列車の進行に合わせ解錠されていき、列車の進行に合わせ、これから列車が進む防護範囲の転てつ器や信号機相互間の鎖錠と解錠を行っていく区分鎖錠があります。こうすることで、安全の確保をするばかりでなく、不要な連鎖を解除し、他の列車のための進路を確保しやすくしているのです（**図 4.22**）。

（6）接近鎖錠

　次に、いったん信号機 2R に進行信号が現示され、列車が接近しているときに、駅長などが急遽列車を止めて、信号機 1R を取り扱いたいといったケースを想定

します。

　駅長などが信号機 2R を定位に扱うと、信号機 2R は停止信号になります。このとき、信号機 2R の進行信号を見ながら走行してきた運転士は急に停止信号に変わったため急ブレーキをかけますが、列車は急に止まれません。最悪の場合、信号機 2R を行き過ぎてしまうかもしれません。このときに、他の列車のための進路が取り扱われ、その進行現示に従って走行してきた列車が信号機 2R の防護範囲に入ってきたら列車は衝突してしまいます。このような状況を防いでいるのが接近鎖錠というしくみです。

　接近鎖錠は、信号機 2R の外方から走行してきた列車が、信号機 2R が急遽停止信号となった場合に急ブレーキをかけても止まれない位置にいた場合（信号機 2R の外方の一定区間を接近鎖錠区間といいます）は、信号機 2R を定位に扱っても、信号機 2R の信号は停止信号になるものの、ある一定時間は、信号機と転てつ器の連鎖や信号機相互間の連鎖は維持したままとするしくみです。

　このしくみにより、信号機 2R の進行信号に従って走行してきた列車が停止するまで、他の列車のための進路は取り扱えないようにすることで列車の衝突を防いでいます。この一定時間は、信号機 2R の進行信号を見ながら走行してきた運転士が急ブレーキをかけて停止できるまでの時間以上を確保しています。このように連動装置では、通常の操作では行われないような取扱いがあったとしても安全が確保できるしくみを備えています（**図 4.23**）。

(7)　てつ査鎖錠

　また、駅長などの進路の取扱いとは関係なく、分岐器上に列車が存在している場合には、転てつ器を転換させないようにするためのしくみをてつ査鎖錠といいます。これは、進路の取扱いがある場合だけでなく、何らかの異常時であっても分岐器上に列車が存在する場合には、大事故につながるような転てつ器の転換を防ごうという考えです。

(8)　継電連動装置と電子連動装置

　連動装置には、大きく分けてリレーをスイッチのように組み合わせて連動のしくみを実現した継電連動装置と、コンピュータを使って連動のしくみを実現した電子連動装置があります。従来から用いられている継電連動装置は、多数のリレーを配線で結び、今まで説明したようなしくみをリレーとその配線だけで実現している方式です。この方式の場合、例えば、ターミナル駅のような大きな駅

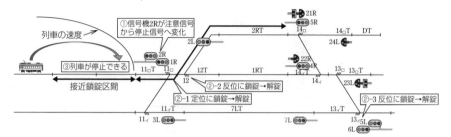

（a）接近鎖錠区間外で信号機2Rが停止信号に変化した場合

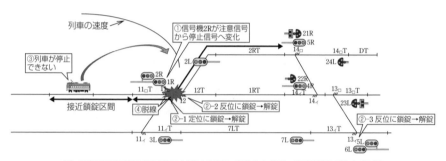

（b）接近鎖錠区間で信号機2Rが停止信号に変化した場合（接近鎖錠がない場合）

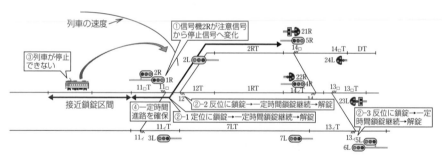

（c）接近鎖錠区間で信号機2Rが停止信号に変化した場合（接近鎖錠がある場合）

図4.23　接近鎖錠

で、進路数が約 250 進路、転てつ器数が約 40 台、軌道回路数が約 60 か所の駅構内では、連動機能を実現するためのリレーの個数は約 1 900 個、配線の本数は約 25 000 本にもなります。これは、物理的にも大きな数で、**図 4.24** にあるようなリレーの集まりが 12 台も必要となってきます。

　一方、電子連動装置の場合は、基本的な連動のしくみはコンピュータで実現し

（a）リレーの集まり

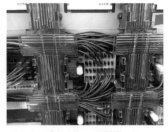

（b）リレーの配線

図 4.24　継電連動装置

ていますが、コンピュータはリレーと異なり、それ単独ではフェールセーフとは
なりません。そこで、二つの CPU で演算結果を比較したりする方法で、一時的
なノイズによる危険側の事象があっても安全が確保できるようにしたりしていま
す。また、ソフトウェアを用いているので、レールが錆びて軌道回路が列車を検
知できなかったりした場合でも列車として追跡することで安全側に制御できるよ
うなしくみなど、さまざまな安全性向上策も実装しています。

　また、いずれの装置でも、いままで説明したような連鎖、進路鎖錠、信号制御、
接近鎖錠、てっ査鎖錠などたくさんのしくみすべてを、進路と転てつ器、軌道回
路の数のすべての組合せで試験を実施して初めて乗客を乗せた列車を走行させる
ことができます。考えただけでも膨大な数になるのですが、万が一配線が誤って
いたり、データが誤っていたりしては、列車の安全な走行が脅かさせることがあ
ることから、基本的にはすべての組合せの試験を実施しています。

4.2.6　線区全体の列車の安定運行を確保する CTC、PRC、運行管理装置

　ここまでは、列車運行の安全性を確保するための閉そく装置や連動装置の説明
をしてきました。この項では、駅構内と駅中間の列車を滞りなく運行させるため
のしくみ、鉄道の商品である列車ダイヤを守るために、駅構内および駅中間の列
車の運行状況を把握して列車ダイヤどおりに駅構内から列車を出発させ、駅構内
へと進入させるように制御するための運行管理装置（PRC：Programmed Route
Control）と、それらの情報を駅構内と運転指令所間でやりとりするための列車

集中制御装置（CTC：Centralized Traffic Control）について紹介します。

　昔は、駅構内に駅長などが配置され、定められた列車ダイヤを見ながら、自らの責任範囲である駅構内の進路を手動で取り扱っていました。この場合は、隣接の駅長どうしで、列車の発車と列車の受入れの連絡を行う必要があり、その連絡についても閉そく電話を用いて人手により行っていました。ただし、この場合でも、線区全体を見る指令は存在しており、特に列車が乱れた場合には、指令は駅長からの連絡を受けて、どの程度の列車の運転をどの区間で確保するのか、列車や乗務員の手配はどのようにするのか、別の線区との接続やたくさんの線区をまたぐ貨物列車との調整はどうするのかについて調整をしていました。

　このような状況を変え、駅構内や駅中間の列車の在線状況の把握や、進路の取扱いを指令から直接行えるようにするためにCTCが整備されました。さらなる効率化のために、列車の在線状況や列車ダイヤをもとに進路の取扱いも自動的に行えるPRCが付加されていきました。PRCという名称は、各鉄道事業者や適用する線区、その機能によりさまざまな呼び名（ATOS、COSMOS、TTC、PTC、コムトラック、自動進路制御装置、SRCなど）がありますが、ここではPRCに統一します。

(1) CTC（列車集中制御装置）

　CTCでは、駅構内や駅中間における列車の在線状況を把握するため、各駅構内の連動装置や駅中間の閉そく装置から軌道回路の情報を使い列車在線情報をCTC駅装置に集めます。その情報を、各駅構内にあるCTC駅装置から通信ケーブルを使ってCTC中央装置に伝送します。その集約結果を、ディスプレイで指令員に表示させます（**図4.25**）。

　一方、指令員は、その列車の在線情報と定められた列車ダイヤから、取り扱う必要のある駅構内の進路を決定し、その進路を設定します（図4.25）。そうすると、その進路設定を取り扱ったという情報がCTC中央装置から各駅構内にあるCTC駅装置に伝送され、その結果が連動装置に出力されて、4.1.5項で説明したような連動のしくみで信号機に進行信号を現示します（図4.25）。

　その後、確認のため、その進行現示は、CTC駅装置を介してCTC中央装置に伝送され、指令員も進行現示を確認することができます（図4.25）。このほかCTCは、駅構内と指令をつなぐ伝送回線を備えているので、その機能を活用して、強風や川の増水、多量の降雨情報をもとに運転規制をかけたり、地震の際に

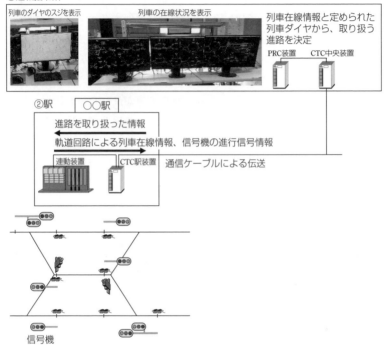

図 4.25　PRC・CTC システム概要図

列車を緊急に停止させたりして、安全性の向上にも活用されています。

(2) PRC（運行管理装置）

　CTC により指令員から各駅構内の進路を直接操作できるようになったことを利用して、PRC は、指令業務のさらなる簡素化とヒューマンエラーによる取扱い誤りをなくす目的から、列車ダイヤに基づく定型的な取扱いをシステム化し、列車の在線状況や列車ダイヤをもとに進路の取扱いを自動的に行うものです。

　昔は、列車ダイヤが乱れた場合に、各駅の列車ダイヤの時刻データを直接変更して列車ダイヤの修正を行っていましたが、最近では、列車ダイヤのスジを直接操作することで列車ダイヤ変更することが可能となったり、列車ダイヤが乱れた場合の予測についても行えるようになったりしてきています。これにより、指令員のマンマシンインタフェースが容易となったことで、指令員は、PRC の操作より乱れた列車ダイヤからどうやって平時の列車ダイヤに戻すかという、より高度

な判断に集中することができるようになってきています（図4.25）。

　また、最近では、列車ダイヤや進路の取扱いだけでなく、乗客への列車の案内ディスプレイや放送を自動的に制御する機能、さらには日々行われている保守作業の管理や安全確保の機能をもたせるシステムも登場してきています。

4.2.7 線路上の緊急事態から乗客を守る非常列車停止装置

　これまでの、閉そく装置や連動装置、CTC、PRCは、主に列車と列車の関係をどうやって安全に、安定に保つのかという装置でした。あわせて、乗客や外部環境の非常事態において、乗客の安全をどうやって確保するかということも考慮していかなければなりません。

　このため、線路や踏切への自動車の進入や、ホームからの人の転落、線路付近での土砂崩壊を自動的に検知するセンサを設置して、その検知した情報により、その箇所に接近する列車に自動的に知らせる装置や、ホームや踏切で人の操作により接近する列車に危険を知らせる装置があります。これらは、非常列車停止装置と呼ばれ、各鉄道事業者でさまざまな装置が用いられています。運転士に危険を知らせる方法としては、信号機も含まれますが、信号機は必ずしも踏切やホームの近くに設備されているわけではないので、追加として、**図4.26**のような非常停止を知らせる警報装置を設備している例もあります。

（a）特殊信号発光機　　（b）列車非常停止警報機　　（c）非常停止ボタン

図4.26　非常列車停止装置

4.2.8 24時間365日必要な保守・点検

　信号保安設備に必要な保全については、「鉄道に関する技術上の基準を定める

省令」（以下、省令という）第 9 章 施設及び車両の保全 第 87 条（施設及び車両の保全）第 3 項において「運転保安設備は、正確に動作することができる状態に保持しなければならない」として定められています。ちなみに、ここでいう「保全」とは、「設備の機能維持を行うこと及び設備が機能を失った場合の機能回復を的確に行うこと」を意味しています。

　つまり、保全とは、省令第 9 章第 88 条（新設した施設、新製した車両等の検査及び試運転）第 3 項「新設、改造又は修理をした運転保安設備は、これを検査し、機能を確かめた後でなければ、使用してはならない。災害その他運転事故が発生した運転保安設備で故障の疑いのあるもの及び使用を休止した運転保安設備を使用するときも、同様とする。」から始まり、省令第 9 章第 90 条（施設及び車両の定期検査）第 1 項「施設及び車両の定期検査は、その種類、構造その他使用の状況に応じ、検査の周期、対象とする部位及び方法を定めて行わなければならない。」を継続的に実施して、省令第 9 章第 91 条（記録）「第 88 条及び前条の規定により施設又は車両の検査並びに施設又は車両の改築、改造、修理又は修繕を行ったときは、その記録を作成し、これを保存しなければならない。」で記録を保持することが求められています。

　この省令をもとに、それぞれの鉄道事業者では、信号保安設備のさらなる安全性と安定性向上のために、設備の状態を遠隔で常時監視できるシステムを設備し、24 時間 365 日指令所で監視できるしくみを備えています。

　特に 4.2.2（5）項で説明した軌道回路や 4.2.5（1）項で説明した転てつ器のように線路沿線に設備されて、外部の環境に大きく影響を受けたり、経年劣化していくような設備では、雨や雪、温度によるレールの伸縮、場合によっては車輪の鉄分による影響を受けやすいため、季節による調整や頻繁な点検が必要な設備です。

　最近では、こうした設備に対して、従来の定期的な周期により取替や修理、調整を実施していた保全方法である TBM（Time-based maintenance）から、機器の状態を常にセンシングしてその状態に応じて取替えや修理、調整を行う保全方法 CBM（Condition-based maintenance）に移行する取組みも始まっています。この背景として、従来は、精度の高い安価なセンサが手に入らなかったり、データの集約や解析・分析するのに時間やコストがかかったりしてできなかったことが、最近、目覚ましい発展を遂げているセンサ技術、無線・有線のネットワーク技術、解析・分析技術を積極的に取り入れることで実現できるようになってきた

という背景があります。

4.3 駅や指令、列車、職場を網の目のようにつなぐ通信設備

　通信設備と聞いて何を想像するでしょうか。現在ではスマホ一つで遠くの場所にいる多くの人と手軽に連絡出来る環境が日常となり、さらには音声だけではなく文字や画像、映像によるやりとりが当たり前の世界になり、誰かと「通信している」という感覚は薄れてきているのかもしれません。

　鉄道では本章の最初でも述べたように、「安全」の確保のための関係者間の連絡手段として、また時には列車を停止させるための手段として、さらには旅客へのサービス向上や円滑な業務遂行のための連絡手段として、多くの種類の通信設備が使用されています。これらの通信設備は大きく分けて鉄道の安全を守る目的で設備される保安通信設備と、鉄道運行や旅客サービスなどに必要な通信設備に分類できます。

　それでは、それぞれの通信設備の役割としくみについて見ていきましょう。

4.3.1 鉄道の安全を通信技術で守る保安通信設備

　鉄道の安全を守るために活躍しているのが保安通信設備です。通信設備の歴史は古く、鉄道の安全を担保するための駅間閉そくを駅長どうしが電話で行う必要があり古くから鉄道では重要な設備として位置づけられています。

　保安通信設備では鉄道運行の安全や安定輸送の確保のため列車無線がその代表選手です。列車無線は列車運行に必要な情報手段として列車乗務員と運行を管理する指令所の間を直接結ぶ無線システムで、安全安定輸送の確保に不可欠な設備となっています。

（1）走行中の列車へ確実な連絡手段となる列車無線

　列車無線は列車運行に必要な連絡手段として列車乗務員と運転指令所間を直接結ぶ無線システムであり、安全安定輸送の確保や快適な旅客サービスの提供、高密度な列車運行に不可欠な設備になっています。

　列車無線はデジタル方式とアナログ方式の2種類に大別されます。無線に詳し

方式	複信方式（Aタイプ）	半複信方式（Bタイプ）	単信方式（Cタイプ）
概要	・電話のように両者とも同時に送受信が行われる方式	・片側は常に送信と受信を同時に行い、一方は受信か送信のどちらかを選択する方式	・送信と受信が交互に行われる方式（プレストーク方式）
構成	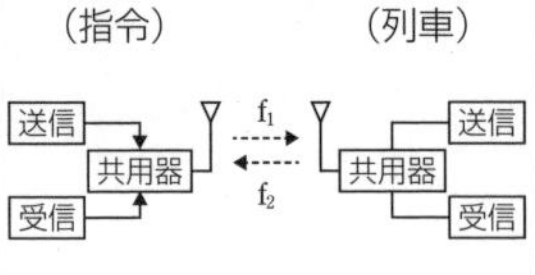 （指令）　（列車） 送信 共用器 f₁ 共用器 送信 受信 f₂ 受信	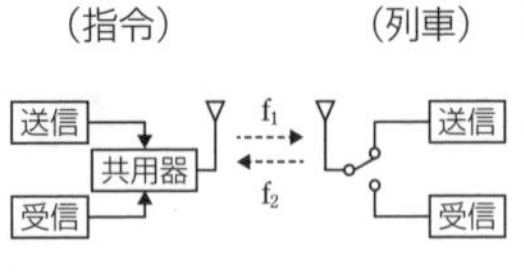 （指令）　（列車） 送信 共用器 f₁ 送信 受信 f₂ 受信	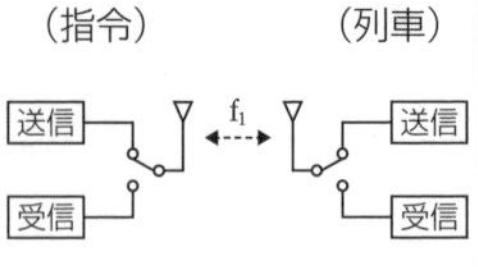 （指令）　（列車） 送信 f₁ 送信 受信 受信

図4.27　列車無線の各通話方式

ければこの違いはすぐにわかるでしょう。また、アナログ式には主に**図4.27**に示すように複信方式（Aタイプ）、半複信方式（Bタイプ）、単信方式（Cタイプ）の３タイプがあり、鉄道各社では線区の事情に応じてこれらのタイプを使い分けて導入しています。

　また、新幹線では省令により列車無線は必須の設備となっており、高速大量輸送を担うためその役割はさらに高く位置づけられています。現在の列車無線システムは主目的である指令所との連絡手段としての音声伝送のほか、さまざまなデータ伝送も行えるようなシステムになっています。**図4.28**は新幹線列車無線車上設備の一例です。

図4.28　新幹線列車無線車上設備の一例

　音声系と呼ばれる部分では、輸送指令と運転士とを結ぶ運転指令電話や旅客指令と車掌を結ぶ旅客指令電話のほか、鉄道電話が使える業務公衆電話の機能などがあります。また、輸送指令や旅客指令から乗務員へ一斉に連絡できる一斉情報などの機能も備わっています。使用目的により運転士と指令員との間で使用する運転指令系、車掌と指令員との間で使用する旅客指令系、旅客や乗務員が公衆交換網などを使用するための業務公衆系などに分けられて使用されています。

　データ系では、さまざまなアプリケーションが使われています。使われ方は鉄道各社によりさまざまですが、車内に表示される文字ニュースなどをリアルタイムに届けるほか、最近では車両状態や軌道状態、無線設備の状態などのデータ伝送にも使われ設備の異常を早期に発見できるしくみとして利用されることも増え

てきています。

　次に、走行中の列車と地上間の無線伝送のしくみについて説明します。鉄道は山間部などの電波の伝搬環境が必ずしも良くない場所にも線路が伸びています。運転に支障がある事態が発生したとき、緊急停止した場所が電波環境の良くない地形条件だった場合も想定しなくてはなりません。最近では携帯電話やスマホを乗務員も携帯することが増えてきたため、携帯電話網が使えれば代替手段になる場合もありますが、場所によっては携帯電話網も使えない可能性もあります。そのようなことがないよう、列車無線システムは鉄道沿線に点在する無線基地局により線路全体がカバーされるように作られています。逆に線路外の必要以上に電波が届いてしまう（オーバーリーチといいます）と限られた電波資源の有効利用の観点から適切ではないため、複数の特性の指向性アンテナを組み合わせるなどして適切なカバーエリアになるように作られています。

　また、トンネルや山間部などで直接電波が届きにくい場所では LCX（Leaky Coaxial cable：漏えい同軸ケーブル）と呼ばれる電波が適度に漏れるケーブルを線路と平行に設置して、アンテナとして利用しカバーしている箇所もあります。新幹線では高速走行時においても安定した高品質の無線通信回線を提供する必要があることから、回線品質が安定し、混信や雑音の影響を受けにくいなどの利点から、**図4.29** に示すように全線に LCX を設置している場合がほとんどです。

図4.29　新幹線における LCX 設置例

（2）線路沿線からも確実に関係箇所へ連絡が取れる通信手段

　鉄道沿線（約 500 m 間隔）に設置されているのが沿線電話機です。鉄道沿線から指令所や駅などの列車運行に直接関係する業務機関に連絡するための電話機です。歴史を紐解くと電話機が設置される前にはターミナルボックス（TB：端子箱）という設備が線路沿線にあり、裸電線を使用した通信線路から並列に接続された端子が引き下ろされ、この端子に携帯電話機（有線式のショルダータイプの電話機）を接続し、指令と連絡できるような簡単な設備でした。この携帯電話機は列車に搭載することになっており、例えば万一の事故発生時に事故地点から乗務員が隣接駅長や関係箇所に緊急連絡がすることができるようになっています。

今日でも車両などに搭載して使われている携帯電話機の一例を**図 4.30** に示します。

図 4.30　鉄道の携帯電話機の一例

その後、列車密度の増加や電力や保線の作業の増加と連絡回数の増加によって、**図 4.31** に示すような沿線電話機が設備されるようになりました。例えば高速道路では一定の間隔で連絡電話が設備されているのを見かけますが、それと同じです。万一の交通事故時に道路沿線の連絡電話があれば関係箇所にすみやかに連絡できるなど、その使い方は想像できると思います。このような固定式の沿線電話機が鉄道沿線にも設備されているのです。沿線電話機は約 500 m 間隔に設置されるだけではなく、駅の場内信号機や出発信号機、駅中間の閉そく信号機の信号器具箱付近にも設けられています。鉄道においては、万一の事故時に関係箇所に連絡できるようになっているほか、さまざまな作業上の連絡にも使用されています。

（a）沿線電話の外観　　（b）沿線電話の内部

図 4.31　沿線電話機の外観と内部の一例

近年ではスマートフォンなど多様な連絡手段が増えてきており、平常時は必ずしも沿線電話機でなくとも業務上の連絡はできるようになってきましたが、山間部やトンネル内など電波が届かない場所や万一の災害時などで携帯電話網の回線が輻輳した場合は、その使用が困難になる場合も想定されます。そのようなとき、鉄道運行を守るために沿線からの確実な連絡手段として沿線電話機などが活躍しています。

(3) 列車運転に関係する箇所間を専用回線で結ぶ指令電話

　今日の鉄道にとって指令所は運行管理の中枢です。個々の列車は信号機の現示に従って運転されていますが、線区内において列車群の全体運行は運転指令の指令によって円滑な運行を保っています。

　運転指令は列車の運転状況を常に知り、例えば列車の遅延などが発生した場合には、その状況などに対応し最も適切な方法により円滑な運行に戻すよう指令を行っています。このように列車や駅のほか列車運行にかかわるさまざまな関係箇所に速やかに指示を出すことで鉄道は安全運行ができるのです。その指令と運転に関係する関係箇所を指令回線と呼ばれる専用の回線を通じて直通電話で結ぶのが指令電話です。

　列車は定められた時刻表に従い時々刻々と運行しています。列車運行を止める必要が出てきたとき、列車運転の順序を変える必要が出てきたとき、一般公衆回線のように話中になってしまうと列車運行に支障してしまいます。このように通信網の輻輳などで列車運行に支障しないよう、専用の回線が必要になってきます。ここに専用回線の意義の一つがあります。

　指令電話は**図 4.32** に示すように、一般に指令員側に親装置、被指令者側には多数の子装置が設置されており、それぞれは専用の一つの回線に並列に接続された構成になっています。親装置から特定の子装置を呼び出すには、子装置に割り当てられた音声帯域内のいくつかの周波数の組合せによる呼出信号を送出し、子装置に着信する周波数選別式と呼ばれる電話機が主に使われています。

　列車と指令は先に述べた列車無線と呼ばれる無線システムにより結ばれていますが、それ以外の駅や変電所など列車運行に直接関係のある箇所を結び、呼出通

(a) 指令電話設備の指令操作卓　　　　(b) 指令電話設備の子装置

図 4.32　指令電話設備の一例（指令操作卓と子装置）

話や一斉呼出などの機能により必要な業務連絡を迅速に行えるようにしています。多くの指令電話の回線が集まる中央指令所の操作卓は、タッチパネル化され集中電話装置になっているものもあり、操作が迅速かつ正確に行える設備になっています。

　なおこれらと同じ方式を採用したものとして、運転用電力需給のための電力指令電話や、信号通信設備保全のための信号通信指令電話回線などもあります。どれも運転に関係し列車の安全な運行に大切な役割を担っているのです。

(4) 防護無線

　緊急時に列車の安全を守るための専用の無線設備も鉄道には備わっています。例えば線路上の支障物により列車を緊急で止める事態を発見したとき、または万一列車事故が発生し併発事故を防止するため、対向列車や並走する列車に対し緊急停止が必要になった場合、防護無線を使用します。万一、緊急時に周辺の列車を速やかに止められなかった場合、重大な事故につながってしまう可能性があります。そのため、鉄道では「列車防護」と呼ばれる列車を緊急停止させる設備とそれを用いた手配があります。さまざまな手段がありますが、無線で列車防護を行うしくみが防護無線です。

　防護無線を「発報」するのは運転士のほか、線路巡回中の作業員による場合もあります。発報すると運転台で警報音が鳴動するものが一般的です。運転士に対しては緊急停止を指示する特殊信号の一つとして認識され、停止手配が取られるしくみです。重大事故を防止するための大事な鉄道のしくみの一つです。

4.3.2 　鉄道の運行・乗客サービスの向上に必要な通信設備

(1) 駅ホームなどで鉄道の安全運行に必要な通信設備

　乗客が安全かつ円滑に列車を利用いただくために、さまざまな通信設備が活躍しています。

　列車が駅に到着し、扉が開くと乗客が乗り降りをし、一定時間が経つと、車掌はすべての扉が乗降完了しているかを確認してから扉を閉めます。ホームが直線ですべての扉が見通せる場合には問題はありませんが、ホームが曲線で見通すことができないこともあります。ホームが曲線となっており、車掌がすべての扉を見通すことができない駅などでは、車掌用 ITV（Industrial Television）（図 4.33）や駅ホーム監視用 ITV（図 4.34、図 4.35）を活用して、車掌が見通せない扉に

ついてもしっかりと安全確認を行った後
に扉を閉めています。また、列車が駅を
出発する際には、車掌がホーム上の安全
を注視することが義務付けられておりま
すが、車掌が見通せない扉については、
ホーム監視用 ITV で車掌ではない別の
スタッフが出発時の安全確認を行っています。

図4.33　車掌用 ITV

図4.34　ホーム監視用 ITV
（カメラ）

図4.35　ホーム監視用 ITV
（モニタ）

　監視用 ITV はホーム上だけではなく、踏切についても監視を行っている場合
があります。万が一、駅ホーム上でトラブルなど異常事態が発生した際は、その
駅の係員がただちに現場を確認することができますが、踏切上でトラブルが発生
した場合には、ただちに係員が現場を確認することはできません。そこで、異常
が発生した際に現場状況を早期に把握するため、踏切監視 ITV を設置している
場合があります。

　列車はダイヤ（時刻表）どおりに運行を行っていますが、大都市圏の多くのダ
イヤはおよそ 5〜10 秒単位で予め計画されています。そのため、運転の指令者、
駅の案内表示、そして運転士や車掌の乗務員は、秒単位で共通した "時間" を共
有したうえで業務を行っていく必要があります。そこで、鉄道会社では、電気時
計や電波時計を所有し、同じ時間を共有して列車が運行できるようにしていま
す。これにより、秒単位での精度の高い列車運行を可能としています。

（2）乗客へのサービス・情報提供に必要な通信設備

　次に、乗客が快適に列車をご利用いただくために、行先や種別などさまざまな
運行情報を提供している通信設備を紹介します。

　列車が駅に接近すると、その駅では、列車が停車か通過か、停車する場合にはその種別や行先情報を乗客に知らせています。また、テロ対策や感染症対策へのお願い、そして列車の運行休止や遅れの情報など、その都度の状況によってさまざまな情報を乗客に駅ホーム上で知らせています。これらのご案内は案内放送装置（**図4.36**）を通じて行っており、駅の規模などに応じてご案内できる情報や機能が異なります。そして、乗客への案内は放送だけではなく、表示装置も活用して案内しています。改札口付近やコンコース、ホーム上などに次の列車の行先や種別情報などを表示している設備を行先案内表示器（**図4.37**）といいます。古くは、フラップがパラパラとめくれていく型式が主流でしたが、現在では、LEDによる表示が標準となっています。

　近年では、改札口付近に運行情報ディスプレイ（**図4.38**）を設置し、自社線および他社線の運行情報や振替情報などの情報発信を行っています。さらに、列車の在線情報をリアルタイムで表示するWeb TID（Traffic Information Display）

図4.36　旅客案内放送装置

図4.37　行先案内表示器

図4.38　運行情報ディスプレイ

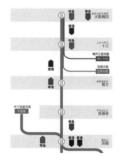

図4.39　Web TID（アプリケーション）

（**図 4.39**）の情報を、アプリなどを通じて、乗客に情報提供を行っている鉄道会社もあります。この Web TID は、運転指令者や駅係員が、ダイヤが乱れた際の運転整理やご案内を行うために鉄道会社が導入していました。現在では、乗務員や駅係員がタブレット端末を携帯している場合もあり、Web TID による列車の位置情報をはじめとする運行や営業に関するさまざまな社内情報をその場で把握できるようになり、よりタイムリーに乗客への対応が図られるように取り組まれています。

また、改札口の無人化をしている駅では、何かあった場合に駅係員と連絡を取り合うことができる駅係員呼び出しインターホン（**図 4.40**）などを設置し、無人であっても乗客サービスの対応レベルをできる限り低下させないよう工夫をしています。

図 4.40　駅係員呼び出しインターホン

（3）安全に効率よく業務を行うための通信設備

鉄道を運行するために、乗務員や運転指令者、信号扱い所の係員など、列車と指令、駅や各職場の間で指示・伝達などの情報連携を行わなければなりません。このような連絡のやり取りを確実に効率よく行うために、さまざまな通信設備が活用されています。

鉄道では目的や用途によりさまざまな通信網が整備されています。そのため、電話機は多種多様なものがありますが、運転指令所のような場所では、あらゆる情報が集まってくるところでもあるため、多種多様な電話機のほとんどすべてが必要になります。運転指令所の各担当者の前にそれら多種多様な電話機をすべて並べることは現実的ではありませんので、一つの電話機で対応できるように集中電話装置が導入されています。運転指令所以外にも、多くの関係部署と連絡が発生する駅の事務所などに集中電話装置（**図 4.41**）が配備されています。

図 4.41　集中電話装置

　駅構内や車庫内では、列車を所定の番線に移動させたり、車庫から出庫したり、車庫へ入庫させたりすることを入換と呼びます。この入換作業を安全・確実に行うためには、列車を運転する乗務員と列車に移動許可の合図を出す信号扱い所の係員、そして分岐器を手動で動かす場合には、分岐器を操作する係員、移動の合図を信号機ではなく手動で合図を出す場合には、列車を誘導する係員と、多くの関係者がそれぞれの役割を適切なタイミングで行う必要があり、これら関係者間の情報連携を行う際に専用の無線機を使用しています。また、無線機を使用せ

図 4.42　トークバック（子機）の一例（柱上式）

ずに信号機付近にトークバック（**図 4.42**）と呼ばれる有線の電話設備を活用して、運転士と信号扱い所の係員との間のコミュニケーションを取ることもあります。

　鉄道事業者内や鉄道事業者間で連絡を取り合う際に、NTT 電話だけではなく、鉄道電話という、鉄道事業者が所有する自営交換網を活用する場合があります。この鉄道電話は、JR が国鉄時代からある電話交換網を継承して現在でも JR 電話と呼ばれて活用されています。異常時など NTT 電話回線がひっ迫するような状況下においても、安定的に電話連絡を行うことが可能となっています。近年では、異常時の情報連携の迅速化のために、スマートフォンやタブレットなどを活用したコミュニケーションツールを導入する鉄道事業者も増えてきています。

第5章

電車線・電力設備
〜列車を動かす原動力〜

　電車や電気機関車の動力源となる電力は、発電所から交流の送電線で送られてきます。変電所で列車に必要とされる電圧の交流や直流に変換した後にトロリ線に送られます。列車は、トロリ線からパンタグラフを通して電気を取り入れ、モータを制御・駆動して動きます。この章では送電線路から受電した電力を必要とする電圧や直流に変える変電設備と、その電力を電車や機関車へ届ける電路設備のほか、駅の照明などの鉄道施設に欠かせない付帯設備への供給についても説明します。

5.1 列車を動かす電気に変える変電設備

　電車や電気機関車の動力源となる電力は、発電所から交流の送電線で送られてきます。列車や駅には必要とされる電圧の交流や直流に変換した後にトロリ線などを通じて配電しています。

　トロリ線からは、パンタグラフを通して電気を取り入れます。取り入れられた電気は、主回路装置を介してモータを制御・駆動することで、電車が動きます（**図 5.1**）。

　この章では送電線路から受電した電力を必要とする電圧や直流に変える変電や変成の設備と、その電力を電車や機関車へ届ける電路設備のほか、駅の照明などの鉄道施設に欠かせない付帯設備への供給について説明します。

図 5.1　鉄道の電力設備と電車のしくみ（一部修正）[1],[2]

5.1.1　変電設備とは

　電気を動力とする電気鉄道において、電車は電気エネルギーの供給を受けて走る車両です。この電車を動かすために直接必要な電力は「電車用電力」と呼ばれます。この他、間接的に必要となる電力は「付帯用電力」と呼ばれ、信号・通信設備、駅やトンネルの照明設備、エレベーターやエスカレーターなどの昇降設備、ホームドア設備などに使用されます。

　電力の調達方法には、他から購入する「買電」方式と、自ら生産するいわゆる「発電所」を保有して調達する方式があります。

　発電所で発電された電力は、送電損失をできるだけ少なくするために 500 kV、

275 kV の高い電圧にて、送電されています。都市部においては、高い電圧の送電線路を敷設するのは困難なため、一次変電所の送電用変電所にて 154 kV や 66 kV に、さらに需要家に近い二次変電所の配電用変電所で 22 kV へと降圧されています。

新幹線などでは、電力会社から 154 kV で受電し、在来線では 66 kV や 22 kV で受電することが一般的です。この電力会社から受電して変成する設備を「変電所」といいます。

「電車用電力」の架線電圧ですが、日本国内においては、多くの直流電化区間で直流 1 500 V、在来線交流電化区間で単相交流 20 000 V、新幹線で単相交流 25 000 V が標準で使用されています。直流区間では、600 V や 750 V、新交通システムで三相交流 600 V という例もあります。

この架線電圧と変電所の関係について説明します。例えば、600 V 区間と 1 500 V 区間ですが、電車を動かすためのエネルギーはどちらの区間においても差異はありません。エネルギーは電圧と電流の積ですから、600 V 区間では電流が大きく、1 500 V 区間では小さくなります。電流が大きくなると電圧降下が大きくなるため、600 V 区間では変電所間隔が短く、1 500 V 区間では長くすることができます。一方、変電所間隔が長くなると事故電流[※1] の検出・遮断が困難になるため、あまり長くもできません。

このように変電所の配置や数は、架線電圧の電圧降下、地理的条件、経済的見地といった諸条件で決定されます。

5.1.2 変電所設備の構成

電力会社などから送られてくる電気を、変圧器・整流器などを使用して変成する場所が変電所（substation）です。変電所設備は、受電設備、変成設備、き電設備、付帯設備から構成されています（図 **5.2**）。

直流変電所は、受電した電気を整流器用変圧器で降圧した後に、整流器にて直流に変換し電車線電力などに使用します。

交流変電所は、き電用変圧器(feeding transformer)にて降圧し、電車に電力を供給します。供給された電力は、電車に設置された変圧器を介して使用されます。

※1 事故電流は、事故時に発生する電流であり、例えば地絡事故であれば地絡電流を指します。

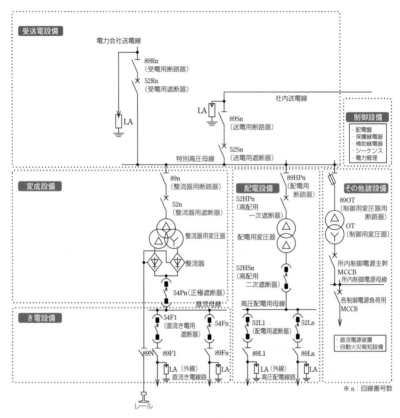

図 5.2　直流変電所設備の単線結線図（元図を修正）[3]

5.1.3　受電設備

　先述のとおり、154 kV、66 kV や 22 kV の特別高圧で受電設備（**図 5.3**）を通して受電するのですが、信頼性を高めるため受電の回路を二重化しているケースがあります。これを 2 回線受電方式と呼びますが、故障時・異常時には一つの系を切り離して、運用を続けるためです。

　この回路には、電源や負荷の故障時、点検時に使用する受電用断路器（**図 5.4**）と、負荷電流故障電流を安全に遮断する受電用遮断器（**図 5.5**）が接続されています。

　稼働中には、正常動作ばかりではなく、停電事故が発生することもあります。

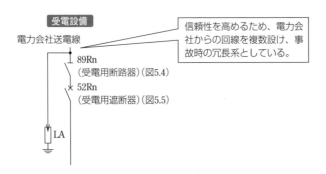

受電設備

電力会社送電線

89Rn
(受電用断路器)（図5.4）

52Rn
(受電用遮断器)（図5.5）

LA

信頼性を高めるため、電力会社からの回線を複数設け、事故時の冗長系としている。

図5.3　受電設備[3]

図5.4　受電用断路器

図5.5　受電用遮断器

旅客輸送上、このようなときに避けなければならないことは、乗客を長時間車内に閉じ込めてしまうことです。特に夏場の長時間閉じ込めは、車両の空調装置も止まってしまうため、命にかかわる可能性もあります。線路内歩行にて、乗客を車外に誘導することもありますが、線路内の安全確認ができるまで、やはり時間がかかるうえ、トンネル内や橋梁などでは、歩行時の安全確保に苦慮しているのが現状です。

そこで、大規模災害などにより広域停電が発生した場合に、変電所内に設けた蓄電池システム（**図5.6**）を使用し、地下区間やトンネル内、橋梁に停車した列車を最寄り駅まで走行させる設備も実用

図5.6　大規模蓄電池[4]

139

化しています。

5.1.4 変成設備

　受電した電気を、交流から直流に変換したり、使いやすい電圧に変換したりする設備を変成設備（**図5.7**）と呼んでいます。変成設備も2台設置し常時並列運転を行っています。整流器用変圧器（**図5.8**）は三相変圧器を使用し、この変圧器も信頼性を高めるために、多重系で構成しています。

　特に66kVでの受電の場合、受電設備は大型になり、屋外に設置されることが多かったのですが、絶縁耐力の高い六フッ化硫黄（SF_6）を使用したガス絶縁開閉

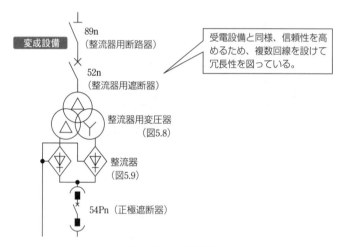

図5.7　変成設備[3]

図5.8　整流器用変圧器

図5.9　整流器

図5.10　ガス絶縁開閉装置

装置（gas insulated switchgear）（**図5.10**）が開発されると、電気絶縁性能および
アーク消弧能力が向上し、装置も小型となり、屋内に設置されるようになりました。

　さらには、母線、断路器、ケーブルヘッド、避雷器、計器用変圧器などをすべ
てSF_6ガス封入の密閉容器（キュービクル）に収納したキュービクル型ガス絶縁
開閉装置（C–GIS）を採用しています。

　このC–GISは、小型化のみでなく、従前の気中絶縁と比較すると汚損がないた
め、メンテナンスフリーにもつながります。

　良いことづくめのように見えますが、このSF_6ガスや整流器で使用されるPFC
（パーフルオロカーボン）については、温室効果の非常に高いガスであり、京都
議定書の排出抑制の対象となっていることから、設備更新などの機会をとらえ
て、純水を使用した水冷方式が採用されることが多くなってきました。

5.1.5　き電設備

　直流変電所において、直流に変成さ
れた電気を、き電線や電車線に供給す
る設備をき電設備（**図5.11**）と呼びま
す。

　前述した変成設備の整流器の出力側
はすべて直流電路となっていることか
ら、電路の開閉、負荷電流の入切のほ
か、異常電流の遮断のために直流高速

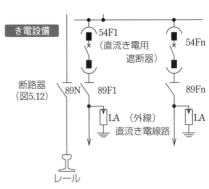

図5.11　き電設備[3]

141

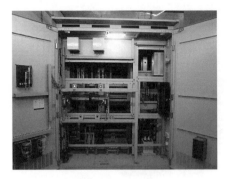

図 5.12　断路器

図 5.13　直流高速度遮断器

度遮断器（**図 5.13**）が使われています。この遮断器には、整流器の保護を目的とした整流器用遮断器と、電車線の回線ごとに設置して保護する直流き電用遮断器があります。

その名のとおり、直流回路の過大電流を自ら検出できる機能をもち、検出された際には高速で開放することで、機器や回路を保護するための遮断器です。異常電流が大きくならないうちに早期に開極し、電流を制限して高速に遮断できます。

さらに、点検時や故障時、どの回線とも切替えができるよう予備の遮断器を設けています。

直流き電用遮断器による保護においては、事故電流を検知して自動的に回路を遮断するのですが、長編成や列車本数の多い区間では運転電流が事故電流を上回ることがあり、直流高速度遮断器の事故電流選択機能だけでは通常状態なのか事故が発生しているのか判別が困難な場合があります。

そこで、遮断器と併用する形で、ΔI（デルタアイ）故障選択装置（**図 5.14**）を導入しています。この ΔI というのは、電流の変化分とその時間に着目して故障を検知しようという機能です。

架線が断線して接地したり、車両の機器故障で短絡したりした場合、通常の運転状態の運転電流の変化に比べて、変化時間が大きく異なります。事故電流は変

図 5.14　故障選択装置

化量も大きく、また変化時間も瞬時であるため、$\Delta I = di / dt$ は、事前に設定した ΔI（整定値と呼びます）よりも大きくなるため、この ΔI を超えた場合は事故電流であると判断しています。

　さらには、隣り合った二つの変電所から電気を送電しているため、一方の変電所の遮断器が何らかの理由で動作し、電気が遮断した場合には、対向の変電所からの送電も遮断しないと、その区間のき電を停止することができません。このため、隣り合った変電所間では、この遮断器の状態や動作をやりとりしており、自動的に対向の変電所の遮断器を動作させ、電気を遮断させており、このことを連絡遮断（**図 5.15**）と呼びます。

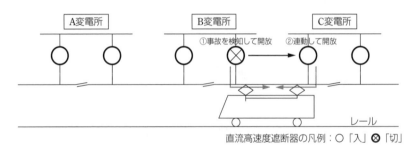

図 5.15　連絡遮断のしくみ

　このほか、変電所セクションを挟んで片側が停電している状態のときにセクションに列車が停止すると、セクションオーバーといって列車のパンタグラフと列車内の引通し母線により、停電区間に加圧され、その区間がき電されてしまいます（**図 5.16**）。これを防止するため、軌道回路条件からこのような状態を検出したときは、セクション間のき電している側の回線の遮断器と対向遮断器を開放して事故の拡大を防ぐセクションオーバー保護装置があります。

　付帯用電力として駅電気室へ配電する設備を付帯設備と呼びます。概ね三相交流 22 kV を交流の 3 300 V または 6 600 V に降圧するケースがよく見られます。

　高圧母線には力率改善装置（**図 5.17**）が設置されます。これは力率を改善することにより付帯用変圧器の容量を小さくできるためですが、この力率改善により、電力料金の割引制度を受けることもできます。

　電力会社から三相交流特別高圧で受電した電気は、直流に変換して電車用電力として供給するほかに、交流のまま付帯用電力として電気室に配電しているので

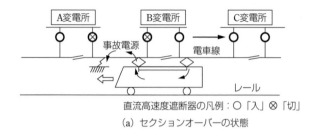

直流高速度遮断器の凡例：○「入」⊗「切」

（a）セクションオーバーの状態

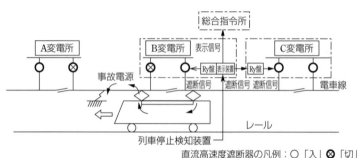

直流高速度遮断器の凡例：○「入」⊗「切」

（b）セクションオーバー保護装置概略図

図5.16　セクションオーバーの状態とセクションオーバー保護装置概略図

すが、この2種類の電力を供給側から見た力率を比べると、電車用電力は直流負荷なので比較的良好ですが、一般的に蛍光灯や電動機などの誘導負荷が多い付帯用電力の力率は、90％前後とあまり良好な状態ではありません。

　このため力率を改善する進相用コンデンサを設置しています。油入式のものでは防災上の問題から、なかなか設置が進みませんでしたが、SF_6絶縁の乾式コンデンサが開発されたことを契機に、導入が進んでいます。

　また、電車では、ブレーキをかけたときの運動エネルギーを電気エネルギーに変換しています。これを回生電力と呼んでいます。この回生電力は、近くに力行（発車・加速）する電車がいると有効活用できますが、居ない場合でも回生電力貯蔵装置（**図5.18**）に一旦貯蔵し、力行する電車に利用する（**図5.19**）ことで、省エネルギー化を図っています。そのほか、同じく回生電力を駅の照明や、昇降機・空調などに使用するための、駅舎補助電源装置（**図5.20**）という設備の導入も進めています。

図 5.17　力率改善装置

図 5.18　回生電力貯蔵装置[5]

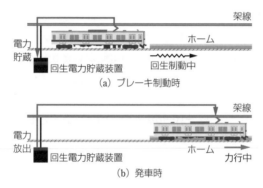

（a）ブレーキ制動時

（b）発車時

図 5.19　回生電力貯蔵装置動作原理[5]

図 5.20　駅舎補助電源装置[5]

5.2 列車を動かす電気を運ぶ 電路設備

5.2.1 電路設備とは

　鉄道変電所から送られた電力を必要な箇所に供給する設備を総称して電路設備（**図 5.21**）と呼びます。このうち電車用電力を車両へ供給する電路設備が電車線路設備です。電車線路設備は、駅や線路の上空に設けられるものが多いため、目に触れる機会が多いと思います。電車線路設備は、電車と接触をする電車線をはじめ、その支持物、き電線路、帰線路などから構成されます。

　電車線路は、車両上方の電車線をパンタグラフがしゅう動する架空式、走行レールの側方に設けられた導電レールを集電靴がしゅう動するサードレール式、走行路側壁に設けられた導電体を集電子がしゅう動する剛体複線式などに分類されます。

　一方、付帯用電力を信号・通信設備や駅設備に供給する電路設備を高圧配電線路と呼んでいます。こちらは線路脇に設置されたり、ケーブルトラフの中に設置

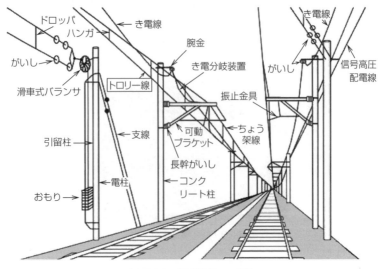

図 5.21　電路設備の一例[6]

されたりするため、意識して見ないと見つけることができません。

5.2.2 電車線路

(1) 電車線路と電車

電車は文字どおり、電気を動力とする車ですので、電気がないと走ることができません。パンタグラフや集電靴とこの電車線路が接触、しゅう動することで電気を取り入れています。

さらに、近年の技術開発により、車両の中で電気を発電してモータを動かす燃料電池電車や終端駅で電気を充電して、走るときはそのバッテリーのみで走行するバッテリー電車なども登場してきました。

このため、電車の発明以来、電車には電車線路がセットで設備されていましたが、そう遠くない未来には、電車線路はなくなるかもしれません。

電車線路とパンタグラフなどしゅう動する部分は必ず摩耗が発生し、摩耗に応じて部品の取換えも発生します。しゅう動部分がなくなるということは、メンテナンス面からは、有利に働きます。また騒音対策という面からは、しゅう動音の低減にも寄与します。

それでは、車輪とレールにおいて、しゅう動部分がなくなるということはどういうことを意味するでしょうか。これを実現したものは、浮上式リニアモータカーになります。これまで、宮崎や山梨の実験線において実験車両による試験が実施されてきました。東京から名古屋を結ぶリニア中央新幹線として 2027 年の開業を目指し建設が進められています。

電車線路・レールともに、この非接触の方式のイニシャルコストは、設備が増えるぶん、高くなる傾向にあります。よって、イニシャルコストとメンテナンスコストを合わせたトータルコストでは、どちらの方式が有利か見極める必要があります。

図 5.22 に電車線路の種類を列挙します。以降に、多くの鉄道会社で使用している主要な設備について、その構成と採用している安全機能について説明します。

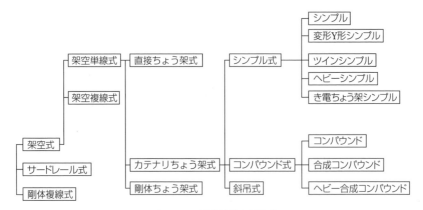

図 5.22　電車線路の種類[7]

5.2.3　架空式

(1) 架空ちょう架方式

　架空式には、架空単線式と架空複線式があります。架空複線式はトロリバスなどで使用されます。「架空式」（**図 5.23**）は文字どおり高い位置に架線を敷設するため、加圧部分（通電部分）に容易に触れることがないことから、感電の恐れが少なく、また絶縁のための距離も十分に確保できるため使用電圧を大きくとることが可能となります。

図 5.23　架空式の一例：き電ちょう架式架線[5]

　先に述べましたが、架空電車線ではパンタグラフがしゅう動しながら集電しますので電車の速度に応じて、さまざまな種類があります。

　パンタグラフが直接しゅう動するトロリ線をちょう架（吊架：吊り下げること）する方式がいろいろと開発されてきました。

　図 5.24、**図 5.25** に、首都圏でよく用いられるコンパウンド架線方式、およびツインシンプル架線方式をそれぞれ示しました。

　コンパウンド架線方式で 160 km/h 程度、ツインシンプル架線方式で 140 km/h 程度の電車速度に対応しています[7]。

　電線の数を比較してみると、コンパウンド架線方式では 5 本、ツインシンプル

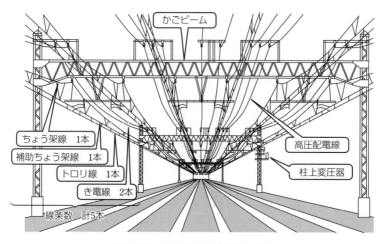

図 5.24　コンパウンド架線方式[8]

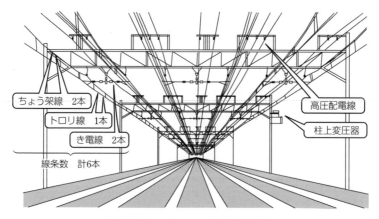

図 5.25　ツインシンプル架線方式[8]

架線方式では6本であり、またその他の設備においても部品点数の多さが課題となっていました。

　そこで開発されたのが、インテグレート架線方式（**図 5.26**）です。この方式では、電線が3本とスリム化されています。図の通り、設備数も削減しているためメンテナンスコストも削減されます。また高所に高圧配電線が設備されていましたが、地上の高圧ケーブルに変更したことにより、メンテナンス性が向上していること、また工事の際の安全性も向上しました。

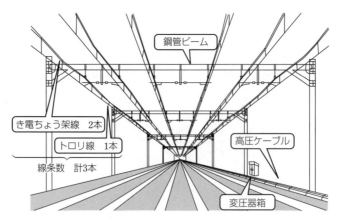

図 5.26　インテグレート架線方式[8]

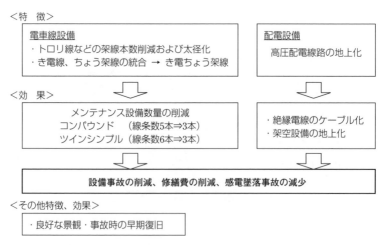

図 5.27　インテグレート架線方式の特徴と効果[8]

(2) トロリ線

　トロリ線はパンタグラフが直接しゅう動しながら集電する部分です。性能としては、導電性が良いこと、機械的強度が大きいこと、耐熱性が良いこと、耐摩耗性が良いことなどが求められます。

　純銅のトロリ線から始まり、耐熱性を上げるために、銀入り銅トロリ線が開発されました。同時に導電率をあまり低下させることなく、耐摩耗性を上げることができました。さらには、機械的強度（すなわち、引張強さと耐摩耗性）を上げ

ることを目的に開発された、すず入り銅トロリ線があります。

この機械的強度の中で引張強さを上げるということの目的について技術的な視点で説明します。

まずトロリ線とパンタグラフの接触においては、離線という問題が存在します。この離線は集電効率も悪くなりますが、離線の際にアークが発生することで、トロリ線などを損傷させる原因となります。駅などでたまにアークを引きながら電車が走行している場面を見かけますが、電車の起動時の集電をするタイミング、つまり電流が流れている状態で離線しているためアークが発生しているのです。この離線を防ぐために、トロリ線を含めた電車線の構造や、パンタグラフにおける上下前後のばね定数などを決定しています。

一方、トロリ線から考えると、トロリ線には波動伝播速度というものがあります。文字どおりトロリ線に発生した波動が前後方向に伝播していく速度のことですが、剛体を無視して単純化すると線密度 W [kg/m] と張力 T [N] により決定され、T/W にて表されます。パンタグラフ速度がこの波動伝播速度に近づき、その比が1に近づくほど離線率が悪化することがわかっています。これまでの研究よりトロリ線の波動伝搬速度の7割程度までの走行速度が良好な接触性能を維持できる目安とされています[8]。つまりこの引張強さを上げることができれば、走行速度を上げることができますが、引張強さを上げるためには、機械強度を上げる必要があります。

このため、新幹線用途向けに大幅な機械強度向上を目指して銅覆鋼トロリ線（CSトロリ線：Copper clad Steel）なども開発されています。さらには引張強さと高い導電率を有した、PHCトロリ線（Precipitation-hardened copper alloy contact wire）も開発され、使用されています。銅にクロムとジルコニウムを加えた銅合金の単一材料で構成しているため、リサイクル性の面からも、鋼心入りよりも有利です[6]、[9]。

さらには、トロリ線の中に光ファイバを通して（**図5.28**）、この光を監視することによって摩耗や断線を検知するシステムも開発・実用化されています。

図5.28　光ファイバ検知線入りトロリ線[10]

　トロリ線を含めた電車線路設備では、離線を防ぐために等高、等張力、等撓性（とうとう）が要求されます。各部分の高さを等しくすること、張力を等しくすること、可撓性（しなやかさ）を等しくすることで、離線を防ぐことができます。

　パンタグラフとトロリ線の接触を阻害する離線は、トロリ線に氷や雪、霜が付くことでも発生します。これを防止するため、ヒータ線を内蔵し、ヒータ線からの伝熱により着氷、着雪などを防止したり、融解したりするものもあります。

　冬季のみ、トロリ線に油を塗る、凍結防止剤を塗布する場合もあります。またもっと単純に、夜間に臨時に列車を走行させることにより、着氷霜を防ぐ除雪臨時列車を走らせる方法をとることもあります。

　山陽新幹線では、気象条件や地形などから、着氷霜の発生を分析し、着氷霜区間を解明し、当てはまる条件下ではノッチを入れないノッチ規制区間を設定し、トロリ線やパンタグラフの溶損防止と、ノッチ規制による列車の遅延防止の両方を実現した例もあります[11]。

(3) 剛体ちょう架方式

　また架空ちょう架式の他には、地下鉄などで見られる剛体ちょう架式という方式もあります。剛体自体がき電線を兼ねており、剛体電車線の下面に、トロリ線を取り付けた構造（**図 5.29**）となっています。

　この方式は、できる限り簡素化された方式であり、また張力をかけて架設したり引き止めたりする必要がないので、トンネルの断面を極力小さくでき、経済的にも有利であるため、地下鉄などで多く採用されています。

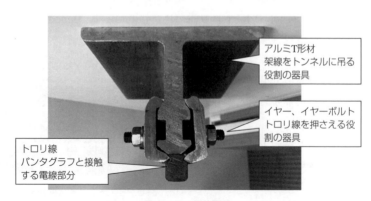

アルミT形材
架線をトンネルに吊る
役割の器具

イヤー、イヤーボルト
トロリ線を押さえる役
割の器具

トロリ線
パンタグラフと接触
する電線部分

図 5.29　剛体架線

一方、剛体架線はき電線が剛体であってバネをもたないので、「離線」を防ぐためには、パンタグラフの追従性がとくに重要となります。とはいえ、パンタグラフの性能だけでは限界がありますので、剛体電車線も①高さを一様に確保すること、②固さを一様にすること（カテナリの場合は硬点、剛体の場合は軟点がないこと）で、離線を防ぐことができます。

(4) き電線路

変電所からトロリ線や導電レールなどに電力を供給するために用いられる電線をき電線と呼びます。き電線路とは、き電線およびこれを支持や保護する工作物を総称した呼び名です。き電線はトロリ線の電流容量や電圧降下を保証するためとトロリ線と並行に設けられ、適当な間隔ごとにき電分岐線でトロリ線と接続されます。

上空に設置されたき電線は架空き電線と呼びます。硬銅より線や硬アルミより線が使用されます。人や建造物に対して、感電や交通上の障害を及ぼさないために、その設置の高さが規定されています。鉄道や軌道の横断部分では建築限界などを、一般道路であれば貨物自動車の積み荷の高さなどを考慮して高さが決められています。

電車線が単線式の場合、電車から変電所へ帰る設備もき電線路の一部であり、走行レールもこれに含まれます。これを帰線路と呼び、レールボンドやレールから変電所までの負き電線から構成されます。

走行レールの継ぎ目部の電気抵抗は相当に大きく、枕木や道床の電気抵抗は比較的小さいことが多いため、帰線電流がレールから漏れて大地中に入り、直流電化区間付近の埋設物に電食を引き起こします。対策としては、①道床の排水をよくするなど、レールと道床絶縁性を高めてレールからの漏れ電流を少なくする。②レールの継目部をレールボンドにて電気的に接続して抵抗を小さくするほか、クロスボンドを増設して帰線抵抗を小さくする。③架空補助線を設けてレールの電位傾度を減少させ漏れ電流を少なくするなどの方法を用いています[12]。

(5) 電車線路支持物

電車線路支持物とは、電車線やき電線を電気的、機械的に指示する構造物の総称です。例えば、電柱そのものや、電柱に差し渡した「はり」であるビームなどが該当します。その他、電車線の引張力や横張力によって、電柱が傾斜したり、湾曲したりしないように取り付けられる設備である支線があります。また、き電

線や配電線をちょう架するために電柱から張り出した金具である腕金、トンネル上部や固定ビームにぶら下げるように取り付け、可動ブラケット、曲線引装置やちょう架線などを支持する下束（さげつか）などから構成されます。

電柱やビームなどは、架線重量、風圧や曲線による架線横張力などの荷重に対して耐えるよう設計されています。

また、電柱は荷重の大きさや建植場所の状況などにより、コンクリート柱や鉄柱などが用いられます。コンクリート柱は、一般的に広く採用されており、強度が大きく保守が極めて容易です。また工場にて大量生産できるため、安価であるという特徴をもちます。

鉄柱や鋼管柱は、鋼材量のわりに強度が大きく作ることができます。構造上、風圧を受ける面積を少なくできるので、風圧抵抗が小さく基礎を経済的に有利に作成することができます。結果として建植や保守を合理的にすることが可能となります。

下記に示すハイパー架線（**図 5.30**）も、先に紹介したインテグレート架線と同様、支持物の構成を簡素化した構造です。部品点数を削減することで、安全性を高めるとともにメンテナンスの省力化により、資材の投入量や廃棄量を抑制する取組みが、鉄道各社にて進められています。

電線の最上部は、雷による被害を抑えるために、接地された電線である架空地線（**図 5.31**）のほか、避雷器（**図 5.32**）が設けられます。

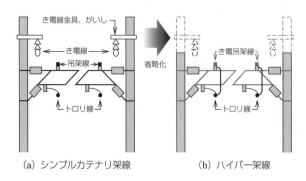

（a）シンプルカテナリ架線　　　（b）ハイパー架線

図 5.30　電車線路設備のハイパー架線化[13]

図 5.31　架空地線[5]

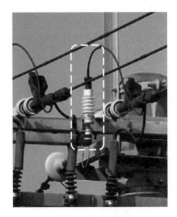

図 5.32　避雷器[5]

5.2.4　サードレール式

(1) サードレール（導電レール）

　トンネル構築をつくるには膨大な費用を必要とするため、できるだけトンネル断面（特に高さ）を小さくすることが求められます。

　架空式の場合は、パンタグラフの作用高さおよび電車線を設備する高さを確保すると1mほど必要となります。また電車線設備も複雑なため保守にも支障をきたします。

　いわゆる地下鉄などは、人が容易に立ち入ることができない構造（高架式構造も含まれます）であることから、線路の脇に導電レールを設置できます。この導電レールをサードレールと呼び、結果として、トンネルの断面積を小さくすることができ、設備費や保守費もその分軽減することができます。

　このサードレール式は、サードレール（**図 5.33**、**図 5.34**）と、電車の下方側面に設置された集電靴が接触して、集電するしくみです。サードレールは、軌道の左側または右側に敷設され、その位置は走行レールの軌間線を基準にします。

　サードレールは剛体電車線と同様、それ自体がき電線を兼ねる導電体です。そのため、負荷電流や電圧降下に対する電気的特性と、集電靴のしゅう動に対する耐摩耗性、列車走行時の機械的強度を備えるとともに、経済的であることが求められます。電圧降下対策として、サードレールの両側に銅の胴体を取り付け一体

構造とした複合サードレールも開発されています。一方、経済性の面では、車両基地構内など、それほど電気的特性を必要としない場所で、走行レールの再用品を用いている例もあります。

　サードレール式ではこのほか、支持物、付属装置および防護装置から構成されます。

　防護板については、サードレールには、直流600 V、または750 Vを通電しているため、駅のプラットホーム部分はもちろんのこと、トンネル内や車両基地内であっても誤って触れる恐れがないように、また導電物が用意に接触しないように取り付けています。さらにプラットホーム部分は、ホームと反対側に設置して安全性を高めています。防護板には、上面防護板、前面防護板、背面防護板の3種類が存在します。標準的には、上面防護板の設置となることが多いのですが、関係者が歩行する車両基地構内など保安上必要な場所には、前面防護板や背面防護板が取り付けられています。この防護板は当初は木製を使用し

図 5.33　サードレールとエンドアプローチ

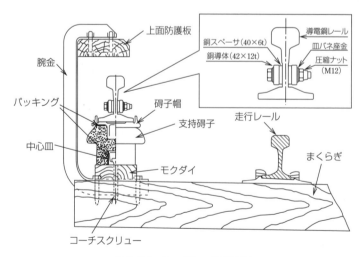

図 5.34　サードレール構造図

ていましたが、近年では FRP（Fiber Reinforced Plastics）が使用されています。

　付属装置にもいくつかの種類があります。エンドアプローチ（図 5.33）は、導電レールの端に設けられ、車両の集電装置の侵入や進出を用意にするための勾配状の部分です。

　また、線路の分岐や渡り線においてサードレールを連続して敷設していると集電装置がサードレールの側面に衝突したり、サードレールの上面から急に落下したりすることになります。

　そこで集電装置を徐々にしゅう動させながら導くための傾斜をつけたしゅう動板を、サードレールの側面に必要な長さだけ取り付け、集電装置をサードレールの斜め横から乗り上げたり離脱させたりしていますが、この装置をサイドインクライン（**図 5.35**）と呼んでいます。

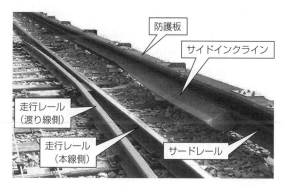

図 5.35　サイドインクライン

　そのほか、サードレールそのものも、その耐久性や経済的観点から走行レールと同一のものを使用する場合があります。このため、走行レールや剛体電車線と同様、温度変化の影響によりサードレールも伸縮します。1℃の温度変化について、100 m 当たり 1.1 mm ほど変化しますので、これを吸収する伸縮継手（エキスパンションジョイント（**図 5.36**））も設置されます。

図 5.36　伸縮継手（エキスパンションジョイント）

5.3 駅を守る電気機器等設備

　駅は、利用者へのサービスの最前線となります。ホームやコンコースに設置され、利用客の目に触れることの多いサービス機器については、第 7 章で説明します。ここでは照明機器のほか、消防法や建築基準法に則った法的設備・防災設備（消火設備、排煙設備など）について説明します。

5.3.1 照明設備

(1) 駅照明、地上用照明

　まず、地下駅などにおいて事故が発生した場合、旅客を地上まで、安全にかつ速やかに避難させるためには、一定の照明が必要になります。停電時には、非常電源により即時に点灯する非常用照明が設けられます。

　また、そのほかにも、列車運行のためだけでなく、自動車・歩行者に対して設けられた踏切照明のほか、歩道橋にも照明がつけられます。架道橋では歩行用のほか、可動橋高さが低い箇所に赤色回転灯を設け、自動車の架道橋への衝突防止を図っています。照明にはこのほか、車両基地内を照らす車両基地照明などがあります。

(2) トンネル内照明

　トンネル内照明は、列車運行の安全と保守作業における作業員の安全確保のため、設備されています。このため、常時点灯されています（**図 5.37**）。

　トンネル内で事故が起こった場合、状況によっては、列車から降りてトンネル内を歩行して避難するケースが考

図 5.37　トンネル内 LED 照明[14]

えられます（**図 5.38**）。このため地下駅などと同様、トンネル内照明は非常電源と接続されています。こちらは、非常用発電機などで点灯するため、即時ではなく速やかに点灯するよう設備を設けることと規定されています。

　設備設計においては、トンネル火災を考慮しています。昭和 47 年に発生した北

陸本線敦賀駅〜今庄駅間の北陸トンネル内を走行中の急行「きたぐに」で発生した列車火災の教訓より、火災が発生した場合は直ちに停止せずに、トンネル内から脱出するために運転を継続するという対策が取られています。しかし、状況に応じて、電車のき電を停止しなければならない事象が発生する可能性もあります。そのため、このトンネル内の照明は、電車線を停電させても点灯するように、回路を構成しています。

駅間補助証明

図 5.38　駅間補助照明[15]

5.3.2　法的設備・防災設備

　法的設備・防災設備は、一般の建物やビルと同様に消防法や建築基準法に則り設計・設備を行うほか、鉄道事業法、省令などに基づいて設備されます。基本的な機能は、一般の建物に使用するものと変わりはありません。

　電気設備としては、火災報知設備、消火設備、排煙設備、避難誘導設備に加え、これらに電源を供給する防災電源設備（消防法による「非常電源」および建築基準法による「予備電源」の総称を「防災電源」と呼びます）より構成され、電気設備以外では、防火・防炎区画があります。

　とくに安全に対する近年の施策としては、2003 年 2 月に発生した韓国大邱地下鉄の火災事故の対策があります。国土交通省は大邱の火災事故を受け火災対策基準を改訂し、地下駅に対しては、各種設備の整備を推進してきました。各設備のうち特に鉄道に特化している排煙設備について説明します。

（1）排煙設備

　地下駅における排煙設備は、大邱地下鉄の対策で大幅に強化されました[5]。従来の基準では、床下機器からの発火による車両火災やライターなどで放火される火災（通常火災）を想定していました。通常火災で発生する煙に対して、ホームやコンコースから避難できる時間が確保できるように、具体的には煙が充満しないような排煙設備を設けることと定められていました。これにガソリンによる放

火（大火源火災と呼びます）で発生した煙に対しても、ホームやコンコースから避難できる時間を確保できるような設計にするよう変更されました（**表 5.1**）。

表 5.1　避難安全性の照査に使用する想定火災の種類[16)]

火　災	種　類	出火源
通常火災	車　両	車両床下機器からの出火
	売　店	ライターなどによる放火
大火源火災	車　両	ガソリンによる放火
	売　店	ガソリンによる放火

　大邱地下鉄の事例からこの大火源火災対策が設定されたのですが、大火源火災では発生する煙の温度が高く、通常火災で発生した煙と挙動が異なることから、避難時間の計算方法を変えています。これは、温度の低い通常火災は煙が一様に広がるのに対し、温度の高い大火源火災の煙は、いったん天井に上がった後に、煙が溜まるにつれて降下してくる特性をもっているため、同じ駅であっても、避難に必要な時間が変わるという考え方に基づいています。出火源の違いによる火災性状および煙流動性状の特性に応じて照査を行うこととしています。

　設備設計では、この考え方に基づいて、排煙機（**図 5.39**）の容量（風量）を決定し、整備しています。

図 5.39　排煙機

5.4 電気機器等設備の保守管理

5.4.1 保守管理の考え方

保守管理における考え方は、省令第87条および解釈基準、また、「施設及び車両の定期検査に関する告示」および解釈基準に定められています。

本章で取り上げた設備については、省令第87条では、線路および列車などを運転するための電気設備、すなわち「電力設備」と定義されています。

また第87条の解釈基準解説では、設備の機能維持を行うことおよび設備が機能を失った場合の機能回復を的確に行う「保全」も定義され、以下の二つがあると定義しています[17]。

① 予防保全

設備の機能が失われるおそれのあることを有効な方法により検出して、その前に処置を行うことを目的とする保全で、主に機能停止が運転に直接影響を与えるものおよび接客営業面に重大な障害を与えるものに対して行う。

② 事後保全

設備の機能が失われてから処置を行うことを原則とする保全で、主に機能停止が運転に直接影響を与えないものおよび営業接客面に重大な支障を与えないものに対して行う。

電力設備は、運転に直接関係がある設備のため、原則として「予防保全」することとして位置付けられています。

一例として、**表5.2**に告示に定められた電力設備の定期検査基準期間を示します。

なお、この保全の考え方は、JIS Z 8115（ディペンダビリティ）やJIS Z 8141（生産管理用語）に記載がありますので、そちらも参照ください。

表 5.2　「施設及び車両の定期検査に関する告示」に定められている電力設備の定期検査の基準期間[18]

設置場所	設備の種類	基準期間	許容期間
新幹線鉄道以外の鉄道および新幹線鉄道（車庫に限る）	電車線、列車の運転の用に供する変成機器、異常時に変電所の機器、電線路等を保護することができる装置その他の重要な電力設備	1 年	1 月
	前欄に掲げる電力設備以外の電力設備	2 年	1 月
新幹線鉄道（車庫を除く）	異常時に変電所の機器、電線路等を保護することができる装置（き電側遮断器に限る）	3 年	14 日
	電車線（接続点、区分装置、わたり線装置およびき電分岐装置に限る）	6 月	30 日
	前二欄に掲げる電力設備以外の電力設備	1 年	1 月

5.4.2　これからの保全方法

　先述した予防保全には、時間計画保全と状態監視保全に分けられます。決められた検査のタイミングに、決められた周期や経過した時間で、部品を交換するような保全が、時間計画保全にあたります。劣化の状態が判別できない部品や設備は主として、時間計画保全に則り検査・取替が行われてきました。

　一方で、検査の効率化を図るために、例えばトロリ線であれば電気検測車を活用し、高さや左右変位の測定を自動化しています。この検測車の歴史は古く 1957 年にクモヤ 93 形（**図 5.40**）という架線試験車（当時はこう呼んでいました）が誕生しています[6]。

　トロリ線は摩耗状態により、取り換えるべきか明確に判別できます。これまでの実績から、摩耗の進行スピードを見極め、使用限度までどれくらいもつか計算し、いつ取り換えるべきかを判断します。

　この摩耗状態を、普段走っている営業車両にて検測できないかという動きが出てきました。センサの開発により、営業走行している速度で測定できれば、測定のために検測車を走らせることなく、状態を監視することができます。

　また、無線の発達・センサ小型化により、センサを設置し、情報を送信するしくみを構築することができます。摩耗だけではなく、音や熱なども測定し記録することができるようになりました。

　今までは、検査のタイミングでしか、状態を把握することができませんでし

図 5.40　クモヤ 93 形[19]

た。この常時監視ができるようになると、大きく変わるのが、「健全な状態」の
データを膨大に集めることができることです。この膨大な「健全な状態」を監視
することで、ある閾値で外れた場合に「劣化」を判断し、検査し、取り換えるこ
とができるようになります。これを状態監視保全と呼びます。**図5.41** に具体例
を示します。

　常時監視ができるので安全性を高める効果はもちろんですが、限りのある検査
員の労力を、効率的に振り分けることができるようになります。

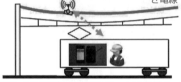

【現在の架線設備検査の方法】
夜間に架線検査
（電力係員が現地確認・判断）
高所作業車

【今後のモニタリング装置とAIを活用した検査方法】
搭載カメラによる
架線設備の撮影
自動判定システム
East-i　車両屋根上カメラ

架線金具良否を
AIにより自動判定
判定〇
判定✕（金具変形）

き電線接続部
温度センサ付きRFIDタグ　　き電線

携帯用データ収集装置およびタブレット端末でデータ収集

温度センサ　RFIDタグ　温度センサ

温度センサ付RFIDタグ

図5.41　状態監視保全の具体例[20]

【参考文献】
1）　兎束哲夫：電気設備メンテナンスに関する技術動向と鉄道総研の研究開発、JREA、Vol.58、No.3、pp.4-6（2015）
2）　兎束哲夫：電気鉄道への安定した電力供給を支える技術、RRR、Vol.74、No.5、pp.4-7、鉄道総合技術研究所（2017）
3）　鉄道総合技術研究所　鉄道技術推進センター：事故に学ぶ鉄道技術（変電編）、鉄道総合技術研究所（2015）
4）　近畿日本鉄道株式会社：安全報告書（2020）
5）　西武鉄道株式会社：安全・環境報告書2020（2020）
6）　日本鉄道技術協会：基礎鉄道技術の変遷シリーズ_第9回トロリ線材料、JREA、Vol.62、No.5、pp. 61-64、2020（鉄道技術　来し方行く末、RRR、Vol.73、No.8、p.28、鉄道総合技術研究所（2016））
7）　鉄道総合技術研究所　鉄道技術推進センター・日本鉄道電気技術協会：わかりやすい鉄道技術［鉄道概論・電気編］、鉄道総合技術研究所（2005）
8）　https://www.jreast.co.jp/newtech/tech09_main.html
9）　清水政利・菅原淳：電車線設備の変遷と動向、RRR、Vol. 72、No. 2、pp. 16-19、鉄道総合技術研究所（2015）

10) 加藤直文・寺田泰隆．安藤元：光ファイバ式警報トロリ線システムの監視距離延長に関する検討、JREA、Vol. 57、No. 12、pp. 39-42、日本鉄道技術協会（2014）

11) 宇佐美恵佑・大場恵・濱田彬裕：着氷霜害による列車遅延提言への取り組み、JREA、Vol. 59、No. 4、pp. 40301-40305、日本鉄道技術協会（2016）

12) 鉄道総合技術研究所 鉄道技術推進センター：事故に学ぶ鉄道技術（電車線編）、鉄道総合技術研究所（2011）

13) https://www.westjr.co.jp/company/action/env/eco/004/

14) https://www.tokyu.co.jp/company/csr/environment/ad_poster/eco_led.pdf

15) 東急電鉄株式会社：安全報告書 2020（2020）

16) 国土交通省：鉄道に関する技術上の基準を定める省令の解釈基準（別表第7）

17) 国土交通省監修：解説「鉄道に関する技術基準」（電気編）、日本鉄道電気技術協会（2018）

18) 国土交通省：施設及び車両の定期検査に関する告示（第3条）

19) 日本鉄道技術協会：基礎鉄道技術の変遷シリーズ_第20回架線検測車、JREA、Vol. 63、No. 4、pp. 61-64、2020（鉄道技術 来し方行く末、RRR、Vol.75、No.10、p.28、鉄道総合技術研究所（2018））

20) https://www.jreast.co.jp/press/2019/20191106_ho01.pdf

21) 公益財団法人鉄道総合技術研究所：鉄道技術用語辞典（第3版）、鉄道総合技術研究所（2016）

第5章 電車線・電力設備 〜列車を動かす原動力〜

第6章

運転計画・指令
～列車運行の「管制塔」～

本章では、日々の列車運行を安全・正確に運行するための中枢組織である「指令所」の諸設備やそれらを操作している指令員が、一般の方々の目に直接、触れることのない裏方の業務をどうように行っているのかを解説します。

列車運行するうえは、利用者の命はもちろんのこと、その家族や財産、モノという日本の生活や経済を担っているのだという視点を常に忘れずに、安全で安心、そして定時運行に心がけ、指令業務を行っています。指令員の緻密なコントロールによって、日々安定した列車運行が維持されています。本章ではそのしくみを紹介します。

6.1 運行管理における指令の役割

6.1.1 駅単体の輸送管理から指令による運行管理へ

「鉄道」という輸送手段ができた創世紀、列車は「駅から次の駅へ1列車ずつ運行する」というものであり、閉そくの取扱い（**図 6.1**）および転てつ器の切替え（**図 6.2**）や信号機の信号現示（駅に進入、列車出発の指示、（**図 6.3**））などの運

図 6.1　閉そくの取扱い

図 6.2　転てつ器の切替え

図 6.3　列車出発の指示

転の取扱いが駅単位で行われていました。

　万が一、列車の運行順序の変更が必要となった場合やダイヤが乱れた場合には、各駅どうしが連絡や打合せを行って運行の安全を確保していました。

　その後、列車の連結車両の増加や列車本数などの輸送力が増加するとともに、輸送全体を把握する部署が必要となり、いわゆる運転指令所、運輸指令所、運行管理所などといわれる、現在ある指令所のような草分け的な部署を設置していました。なお、事業者によっては、「司令」の名称を用いている場合がありますが、ここではすべて「指令」で統一することにします。

　しかしながら、当時は列車在線の位置表示、または路線全体の状況を表示できなかったこと（もしくは正確な表示ができなかったこと）から、依然として各々の駅と指令所（当時は、輸送指令などと称されていました）において直接、専用電話によるやり取り（**図6.4**、**図6.5**）により運転業務が行われていました。

図6.4　駅長から指令所への専用電話

図6.5　指令所から駅長への専用電話

　すなわち、駅では列車ダイヤにそった列車の進路構成、時刻どおりに列車に出発指示合図を表示するほか悪天候、時には運転見合わせなどの運転取扱いを行い、それらの運転状況を指令所に報告していました。一方、指令所ではそれらの駅からの運転状況の報告により、列車に遅延が生じている場合などは、ダイヤ乱れの規模により、列車の運行順序変更や列車の途中打ち切りなど、運転計画の変更を行い、変更後の運転計画についての対応を駅に対し指示していました。

　指令所では、駅の状況などを指令員自身の目で直接見ているわけではありません。このようなことから、「駅からは正確な情報を指令所に伝え、指令所も駅に確認したい内容を端的に伝える」ため、双方で正確さ、的確さおよび迅速性が求

められていたのです。昔も現在もそのような報告のありかたは変わっていません。

その後、時代とともに技術が進化し、それに伴って運行システムの発達や近代化が進みました。転てつ器の切替えや列車進路の設定などが集中的かつ自動的に制御できるようになったこと、列車の在線位置全体を一元的に把握できるようになったことから「一か所で集中管理」することが可能となり、文字どおり現在の「指令所」という組織（**図6.6**）が確立されました。

このことにより、指令所は、より安全で効率的な役割を果たす部署に移り変わってきました。いわば、指令所は列車輸送の「管制塔」というべき役割を果たしており、現在では、指令所による一括した運行管理が一般的なスタイルとなっています（**図6.7**）。

図6.6 指令所

図6.7 一括管理されている指令室

6.1.2 指令業務

（1）運行ダイヤ

列車運行の元となる運行データは、本社などの計画部署においてダイヤ改正ごとに運行計画（ダイヤ）を策定しています。

この運行データは、「ダイヤ作成支援装置」（**図6.8**）などを用いて作られる列車運行図表（俗にいうダイヤグラム（**図6.9**））の作成時に、列車1本ずつのデータとして作られています。

この運行データには、それぞれの列車属性が反映されており、列車番号、編成車両、車種、編成両数、列車種別、各駅や信号所における着発時刻、ホーム使用番線および通過ルート設定などの運行にかかわる必要な列車情報が多岐にわたり入力されています。

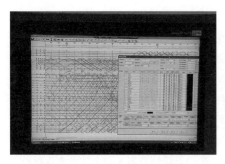

図6.8 ダイヤ作成装置の画面

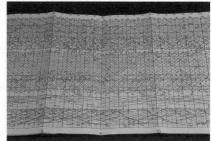

図6.9 列車運行図表

(2) 運行管理

　鉄道は、主に輸送サービスを利用者に提供しており、その主力商品がまさに「列車ダイヤ」であることはいうまでもありません。利用者のニーズに応えるため、可能な限り速達性や利便性や質の高い商品を提供すべく、鉄道事業者は限られた設備、車両および係員を最大限駆使し効率的に計画をしています。

　鉄道にとって最大の商品であるダイヤに従った列車運転を持続的に継続させるため、運行管理装置が導入され、前述 (1) の運行ダイヤを登録して運転指令業務の近代化と信号扱いの自動化を行い、日々の運行管理を実施しています。

　この運行管理には、自動列車運行制御装置（さまざまな名称が使われているが以下、「PTC」という）が導入されています。特に、運行間隔が短い高密度の路線などを運営しているほとんどの鉄道事業者でPTCが用いられています。

　運行データは、個々の列車情報をもとにPTCにより、停車場における信号現示を設定時刻どおりに現示させ、列車進路を自動的に制御するほか、列車番号または運行番号の割付け、遅延時間の算出および旅客案内装置（発車標）の表示に使われますが、そのもととなる情報が運行ダイヤとなります。

　PTCは、一般的に指令側にある「中央装置」と駅側にある「駅装置」からなりますが、それぞれ工夫がなされています。たとえば、中央装置に情報をすべて蓄え、逐次、各駅の信号制御、進路制御、列車に合わせた案内情報などを送受信するタイプのPTCでは、中央装置に大きな負荷が加わることがあるため、予め駅ごとの進路制御に列車運行データを駅装置に送信しておく自律分散型の装置としていたり、平常時には中央装置から駅装置を制御し、異常時には連動駅において個別制御を手動で行うよう制御を切り替えられるようにしたりしています。

　ダイヤ管理に関しては、平日、土曜日、日曜日および祝日など曜日に合わせた「平日ダイヤ」、「土・休日ダイヤ」というダイヤ種別を運行データにもっており、PTCのオートカレンダー機能により自動的にその日の運行ダイヤが設定されます。

　また、沿線においてイベントなどの開催により多客臨時輸送に合わせた臨時ダイヤを実施する場合は、その日、その時間帯に列車を増発するためにPTCに指令員が手動でダイヤ入力を行うことができます。特に、列車の増発本数や時刻変更などが多い場合は、指令員による入力作業の煩雑性や誤入力を防止するため、予め臨時ダイヤとしてPTCに通常の平日ダイヤや土・休日ダイヤ以外に、新たな運行データを登録しておくことも可能となっています。

　指令員は、路線別あるいは系統別やエリア別に分業となっていることが一般的であり、1路線当たり2～3名の指令員が配置されています。列車が平常どおりに運行されていれば、指令員は列車の運行状況の監視のみで手を加えることがほとんどないため静かな指令所ですが、ひとたび輸送障害が発生すると、一気に慌ただしくなり戦場へと変わっていきます。

　ダイヤ乱れ時の対応については、後述の本項（4）で解説します。

　指令所では、実績ダイヤ（運行データ）が日々蓄積されており、遅延実績や列車走行キロ実績を計画ダイヤと比較することができる機能を取り入れている事業者もあります。このほかにも、指令所では列車接続の手配、最終列車の接続、乗客の遺失物（忘れ物）捜索手配（**図6.10**）、車いす使用の利用者の案内（**図6.11**）などにも対応しています。

　今後、AI技術の進歩により運行管理業務のシステム化は進んでいくと考えら

図6.10　忘れ物捜索

れますが、システムが進化したとして
も、最終的には「人」が判断・介在し
て運行管理を行っていく姿は変わらな
いと思います。

さらに、システム自体がダウンする
可能性も否めないため、「最後は人の
力」となってしまい、経験を積んだ指
令員の判断力や専門知識が力を発揮し
ます。

図6.11　車いす対応

(3) 指令の役割・分担

路線長が長く、列車密度が多い事業者では、路線別、系統別およびエリア別な
ど区分して指令業務を行っていますが、運転担当を行う指令員のみの対応には限
度があります。さらに一旦、ダイヤが乱れ始めると運転整理、振替輸送の依頼、
車両点検、当該設備の復旧作業の指示、場合によってはバス代行の手配など、大
変慌ただしい状態となります。

これらのダイヤ乱れ時の対応を補うため、また専門的な能力を最大限に発揮さ
せるため、指令業務を分野別に細分化（**図
6.12**）させています。

一例として以下の指令に分類されます。

・輸送指令

輸送指令は、駅やCTC（Centralized
Traffic Control）センターなどか
ら情報を得て、列車が計画どおりのダイ
ヤで運行されているか常に監視して、列
車に遅延や異常事態が発生した場合は、
運転整理やその対応に即座にあたり、場
合によっては速度規制などの指示を行っ
て、平常ダイヤへの早期復旧を行いま
す。列車の運行に直接携わる指令所の中
で最も中心的な役割を果たしています。

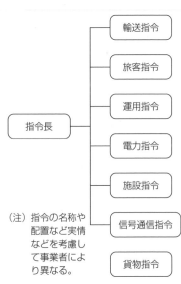

図6.12　指令の分類

・旅客指令

　旅客指令は、緊急時に他路線との接続手配、代替輸送（振替輸送）の手配などを行うほか、他社鉄道の運行情報の収集（振替輸送の承認など）も行います。近年では、後述の6.7節で記載しているホームページやスマートフォンアプリ、メール配信およびTwitterなどへの情報配信を専属に行う担当を「情報指令」として分けている事業者もあります。

・運用指令

　運用指令は、車両や乗務員の運用を監視や把握をしており、ダイヤ乱れや緊急時においては輸送指令などと検討のうえ、予備車両や乗務員手配を行います。また、車両故障発生時には、列車の乗務員への応急処理の支援を行い、非常通報に乗務員が対応できない場合には、それに代わって応答することもあります。

・電力指令

　電力指令は、電車線電力（主に列車動力用）と信号・保安設備および駅設備（券売機、自動改札機、照明、空調、エスカレーター、エレベーター）などに用いる付帯用電力を供給するため、変電所の運転状況や送電状況を、集中監視制御システムにより24時間体制で監視しています。

　事故や停電が発生した場合は、ただちに予備系統や自家発電装置などに切り替え、列車運転への影響を最小限にするなど、電力の安定供給に努めています。また、点検などについてこれら設備の保守を行っている電力区などに復旧手配を行います。

・施設指令

　施設指令は、線路や沿線施設、沿線の気象状態を常時監視し、豪雨・強風・地震など異常発生時には、輸送指令と検討して運転見合わせの手配や速度規制の指示、線路設備や沿線設備の保守を行っている保線区などに巡回点検の指示や復旧手配を行います。

　また、夜間保守作業の管理やそれに伴う保守用車の運行管理を行っている事業者もあります。

・信号通信指令

　信号通信指令は、信号機ならびにATC信号コード、列車無線、CTC装置などの信号機器や通信施設の状態を常時監視し、故障発生時などはこれら設備の

保守を行っている信号通信区などに復旧手配を行います。

・貨物指令

　特殊な指令の事例として、日本貨物鉄道（以下、「JR貨物」という）には、貨物輸送にかかわる指令系統の部署として「貨物指令」というものがあります。

　JR貨物は第二種鉄道事業者であり、第一種鉄道事業者であるJR各旅客鉄道や第三セクター会社に指令業務の運行を委託しています。

　JR貨物でいう「お客様」は荷主であり、一般貨物や納期の厳しい宅配便、工業製品や生鮮食品など生活に欠かすことができないインフラ輸送を行っています。生産地と消費地に表わされるように、発着する貨物取扱駅ごとに輸送量に大きな差があることや季節による輸送量の変化が大きいこと、または季節による需要など、ほぼ一定量である旅客輸送と異なって、季節による変動があることから、こうした輸送量の偏りに対応するために、貨物の輸送力調整や空コンテナの回送手配など輸送需要に応じた貨物列車の輸送力を調整する独特な業務を行っています。

　また、輸送障害時に旅客輸送では振替輸送がある反面、貨物輸送ではトラックなどによる代行輸送を行っています。

このような上記の各指令と相互に関連性をもたせ、指令間の連携強化を図り、一括管理がなされています。

　指令所組織における基本的な職名としては、常時、監視や連絡並びに指令を行うそれぞれの「指令」と、担当別となっている所属指令員を指揮監督し、異常が発生した場合や緊急を要する最終判断を行う「指令長」があります。

　総合的な指令機能としてワンフロア化した指令所としている事業者もあり、災害などの発生時に設置する対策本部と同フロアに配置することで、危機管理対応能力の向上を図っている事業者もあります。

　指令員は、乗務員経験者や助役級の者が多く、特に輸送指令では乗務員経験者であれば路線の線路配線や線形などに精通しており、迅速かつ的確に指令に関する判断ができるという考えから、乗務員経験者を指令員に登用している事業者もあります。

(4) 運転整理

　高密度で複雑な運行を行っている路線では、安定輸送を確保するために平常ダイヤを維持するのも膨大な労力を必要としています。ダイヤに従って正常に運転

されていればよいのですが、時として事故、急病人の救護対応、ホームからの旅客転落、旅客や一般人の線路内立ち入り、人身事故、踏切障害の発生、強風や地震などによる運転規制などによりダイヤが大幅に乱れる（鉄道事業者としては、商品価値が大きく損なわれることと等価です）ことがあります。

　指令員は、多くの列車の運転状況を即座に把握し、このダイヤの乱れに対して、運行順序の変更、行先の変更、待避駅の変更、着発番線の変更および運転時刻の変更、運行間隔の調整などを行い、正常運転に復していきます。このような、運行ダイヤに対しての一連の変更操作をすることを「運転整理」と呼んでいます。

　この運転整理には、列車ダイヤをシステム入力画面（図 **6.13**）に表示させ、そこに表示されている列車を示している線（以下、「スジ」という）を直接操作して、運転整理を行うケース（直接操作）もあります。

　この直接操作は、列車の繰上げや繰下げをする場合は、システム入力画面のスジをどちらかに移動させることにより、簡単に変更ができるようになっ

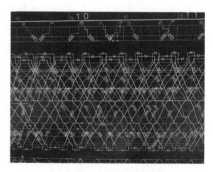

図6.13　システム入力画面

ているほか、着発番線の変更も簡単に変更できるようになっており、この程度の変更であれば指令員単独の判断で対応できます。

　また、駅構内において複数列車の進路が互いに交差する場合、どちらかの列車に進路を優先させるのか、指令員の経験などにより判断されていましたが、これらのシステムでは、予測ダイヤあるいは制御判断を指令員に問いかけ支援する機能があり、指令員の負担を軽減しています。

　運転整理の結果を事前に検証できる機能を備えている事業者もあり、指令員に提案する機能として指令支援に役立っております。

　運転整理の状況によっては、列車種別の変更、列車の運行振替および一部列車の混雑による遅延拡大防止を図るための運転間隔の調整や列車の抑止などを組み合わせて検討を行い、その結果を乗務員区所や車両区所と調整し、臨時列車の運転および運転休止なども含め、予備車両や乗務員の手配を指令員の指示により行

うことがあります。

　運転間隔の調整（**図 6.14**）とは、ある列車が何らかの理由により遅延が生じ、先行列車と遅延している列車との間隔が開いてしまった場合、遅れていない先行列車をある程度の時間止めて、列車間隔を縮め混雑を分散させることで、遅延している列車の救済と遅延拡大を防止するためにとられる運転整理手法です。

図 6.14　運行間隔調整の周知ポスター
（出典：東京地下鉄株式会社）

　遅延している列車には、運行計画上の列車間隔分の乗客と、遅れた時間分の乗客が駅ホームで待ち、遅延している列車に乗車することになります。この結果、遅延した列車は、さらに混雑が増し、増々遅延が拡大して路線全体にダイヤ乱れが波及することになりますが、運行間隔調整はこのような状況に至ることを防止しているのです。

　列車の間隔調整を行う際には、運転士や車掌に指令員の意思を伝えなければなりません。以前は、列車無線により通告を行って（列車無線を導入していない時代、または導入されていない路線などでは、駅係員が運転通告券を手渡していました）いましたが、運転士と車掌への個別通告および復唱確認する必要がありました。列車の運転本数が多い路線や列車に遅延が生じているときは、列車無線の通話が平常時と比べて多くなりがちで、指示する通告伝達と復唱確認に時間を要して、さらに遅延を増やす原因となっていました。

　このことを解消させるため、PTC と連動する「出発時機表示器」あるいは「抑止表示器」と呼ばれる表示装置を駅ホームに設置することにより、駅係員、運転士および車掌が目で見て伝達される情報を確認できるように改善がなされました。表示器に表示される情報は、発車時分（○○分○○秒）あるいは停車すべき

分秒を表す数字（**図6.15**）が表示されるしくみとなっています。

図6.15　間隔調整表示

　これらを用いてダイヤ乱れをいかに短時間で、また、運転見合わせ時間をいかに短く効率的に定時運行に戻すかを目標として運転整理が行われています。同時に、列車の運行は、指令所が中心となりながらも、駅係員、車掌や運転士などの関係者らと連絡や打合せを行い、密接なチームワークで成り立っているのです。

　運転整理は、指令所業務の中でも肝心かなめというべきものであり、システム化された運行管理の中でも人が最も介在する部分です。

　まだまだ指令員に委ねる部分も多く、数多くの運転整理を経験し、ダイヤを構成しているそれぞれの列車の性格や特徴を熟知していることも必要であり、ときには失敗も経験するなど、日々の運転整理の経験の積み重ねが今日の指令業務のもととなっていることはいうまでもありません。

　列車の変更指示については、運行管理が自動化ならびに集中化されているので、指令所からダイヤ変更の指示は、PTC のシステム入力画面に列車運行の変更項目などの入力（**図6.16**）を行って、実行ダイヤとしていきます。しかし、この変更画面のみでは、全体の運行状況や車両運用が読み切れないため、あらかじめ指令員が列車運

図6.16　スジの変更を検討している指令員

行図表（紙媒体）で、色鉛筆と定規を手に取り、列車の運転変更や車両運用変更を関係区所と打合せや連絡をとりながら、運転変更案を作成していきます。

　この昔ながらの手作業については、現在もこの手法がとられており、時代が変わっても人がかかわる部分として重要なものとなっています。

　これらの業務に携わる指令員は、駅係員や乗務員などの現場で幅広い知識と経験を積み上げられた経験を有し、路線状況やダイヤ作成などにも精通した選抜さ

れた人材であり、運転取扱いや故障処置などにも長け、運行業務を熟知していなければ務まりません。また、常に冷静な判断と短時間に駅や列車に対して、的確な指示を出すことが求められるため、事態を統制できる素質も備えていなければなりません。

　指令員は、現地の状況を列車無線や電話による声でしか把握できず、指令員自身の目で状況を直接確認することができません。指令員として最も重要なことは、正確な情報をできるだけ速やかに収集すること、より多くの目で確認することが最も肝心で、現場の状況を正確に把握することが、指令の第一歩となることはいうまでもありません。

　ダイヤが大幅に乱れている時や緊急時（**図6.17**）においては、列車無線（**図6.18**）のやりとりが多くなります。

図6.17　ダイヤ乱れに対応する指令員

図6.18　列車無線（乗務員）

　指令員は、ついつい早口になってしまいがちです。指令員は、うまく伝達を正確に伝えることはもとより、乗務員が焦らぬよう落ち着いた口調で、明瞭に会話することも大事なことです。

　また、乗務員に対して曖昧な応答、これくらいのことなら相手はわかっているだろうという思い込みでの応答は絶対に厳禁です。

〈曖昧な応答の代表例〉
① 「イイです」…… YES なのか？ NO なのか？
② 「走行」………… 列車が走行するのか？ 係員が走行するのか？
③ 「ゼンブ」……… 前部なのか？ 全部なのか？

④ 「隣の駅」……… 手前の駅？ 次の駅？

⑤ 「所定の～」…… 何を基準としているのか？

⑥ 「連絡した」…… 連絡した。連絡した？（語尾の上げ、下げ）

⑦ 「～にいった」… 現場に行った。現場に言った。　　　　など

指令員との会話では、慣例語句や独特の隠語などがあるため、あらかじめ「確認会話」として教育している事業者もあります。

〈慣用語句例※1〉

① 「マルヨ」………………… 列車運転中に翌日に日付が変わること

② 「ネコ」…………………… 車輪止め

③ 「ナナジ」………………… 1（イチ）時、7（シチ）時の聞き間違い

④ 「スジを切る」…………… 途中駅で列車運転を打ち切ること

⑤ 「3番を取って」………… 3番線の列車を引き継いでください

⑥ 「ウンフリ」、「フル」… 列車の運行を振り替えること

⑦ 「オサエル」……………… 列車の進路を抑止すること

⑧ 「ヒク」…………………… 列車の進路を構成すること

⑨ 「直切り」………………… 直通運転を取りやめること　　　　など

指令所内では、列車無線や連絡の会話を聞いていた周りの指令員は、あうんの呼吸でダイヤ変更などの対応に先手を打って援助することが可能となるため、チームワークが重要となります。

運転整理は、まさに指令員の「腕の見せ所」ということになります。当然ながら、若手指令員もベテラン指令員も一緒に指令業務を行いながら経験を積んでいくことになります。

(5) 進路制御

運行管理装置を導入している路線では、列車ダイヤ（運行データ）に基づいて、連動駅における転てつ器、交差支障および鎖錠時間、時素および駅を発車または進入させるための信号機の現示条件など、発生し得る競合条件などを予め計画担当者が計画設定進路として作成した上で、その計画設定進路どおりに列車を

※1　参考事例：鉄道重大インシデント調査報告書、2015（平成27）年5月、九州旅客鉄道　肥前竜王駅構内

進行させるための一連の照合チェックや制御を「進路制御」といいます。これを自動的に行っている装置を一般的に PTC 装置と呼びます。

　自路線のみの列車遅延や、他線区からの直通列車の進入遅れなどが発生した場合は、さらに列車遅延が拡大しないよう影響を最小限に留めるため、指令員が手動で介入することにより、路線境界駅での列車進入や進出の進路制御を行っています。

　また、大きな輸送障害が発生した場合には、中央制御（指令所側からの操作）から現地制御（駅側の操作）に切り換えることで駅員（てこ扱者）が現地の状況に応じた進路制御を行うこともあります。

6.2 列車運行における安全確保の取組み

　運転保安の基本的な要素は、人、物および作業方法といわれます。

　つまり、運転作業に適性をもつ者が厳格な訓練によって十分な知識および技能を体得して、基準どおり整備された車両ならびに機械を適切な取扱い基準に基づいた正しい運転方法で取り扱い、運行することが重要であり、かつ列車運行もこうした運転保安を基本理念として実施されています。

　国土交通省では、鉄道の輸送の用に供する施設、車両の構造および取扱いについて、必要な技術上の基準を定める「鉄道に関する技術上の基準を定める省令」（平成 13 年 12 月 25 日国土交通省令第 151 号）ならびに具体的で数値化した解釈

図 6.19　省令（鉄道六法）

図 6.20　鉄道に関する技術基準（運転編）

基準「鉄道に関する技術上の基準を定める省令等の解釈基準」（平成 14 年 3 月 8 日国鉄技第 157 号国土交通省鉄道局長通知）で定めています（**図 6.19**、**図 6.20**）。

鉄道事業者は、こうした運転規則や関連する法規を加味して、それぞれの事業者の運転取扱い（**図 6.21**）を定めて、解釈基準に沿った形で各種施策を実施して列車の安全確保に努めています。

図 6.21 運転取扱実施基準

4.1 節でも述べているように、鉄道は、列車相互の衝突を防ぐために、同じ線路に同じ時刻に列車を入れないしくみとなっています。

その方法には、次の方法があります。詳細は、第 4 章で説明しています。

〈鉄道に関する技術上の基準を定める省令第 101 条〉
　一　閉そくによる方法
　二　列車間の間隔を確保する装置による方法
　三　動力車を操縦する係員が前方の見通しその他列車の安全な運転に必要
　　　な条件を考慮して運転する方法
　2　救援列車を運転する場合又は工事列車がある区間に更に他の工事列車を
　　　運転する場合であって、その列車の運転の安全確保することができる措置
　　　を別に定めたときは、前項の規定によらないことができる。

6.2.1　列車の運転に常用する閉そく方式

鉄道は、列車どうしの衝突を防ぐために、予め線路を一定区間に区切り、その区間を 1 列車に占有させるしくみ（閉そく）または先行列車との間隔に応じて後続列車の速度を制御するしくみにより安全を確保しています。

常用する運転方法は、省令第 101 条第 1 項第 1 号「閉そくによる方法」および同項第 2 号「列車間の間隔を確保する装置による方法」となり、それぞれ自動列車停止装置（以下、「ATS」（Automatic Train Stop）という）や自動列車制御装置（以下、「ATC」（Automatic Train Control）という）によります。

一方、故障その他の理由により、常用する閉そくによる方法または列車間の間

隔を確保する装置による方法によることができないときに施行する方式として、複線区間では「指令式」、「通信式」、「検知式」などがありますが、「指令式」を例に挙げると、予め定めた区間（駅間）を一つの閉そくとして、運転する区間に列車がいないことを運行表示盤および列車無線などにより確認して列車の安全な運転を確保します。これを施行する際は、輸送指令が閉そくの取扱者になります。

6.2.2 常用する運転方法を施行できないときの方法

閉そく信号機が故障し停止現示のままのとき、駅長・指令員の指示を受けて運転士の注意力による運転を行う「閉そく指示運転」、「無閉そく運転」という方法、あるいはATCにより運転している停車場面において、車内信号機に停止信号が現示されている区間を運転する場合は「非常運転」という運転方法があります。

この場合は、運転士が保安装置になりかわって運転を行うものですが、列車を進行させる場合や非常運転スイッチの投入許可などの承認を指令員に許可を受けて実施しています。

運転士は目視により、安全を確認しながら列車間の安全を確保するもので、前方の見通しの範囲内で停止できる速度で運転することが原則となります。このような運転は、省令第101条第1項第3号「動力車を操縦する係員が前方の見通しその他列車の安全な運転に必要な条件を考慮して運転する方法」に該当します。

さらに、いわゆる輸送を目的として使われるのではなく、列車が在線する区間に他の列車を運転しなければならないという危険を伴う事態が発生したときは、省令第101条第2項「救援列車を運転する場合又は工事列車がある区間に更に他の工事列車を運転する場合であって、その列車の運転の安全を確保することができる措置を別に定めたときは、前項の規定によらないことができる」という方法で、故障列車がある区間に救援列車を運転する場合、前述の運転方法によらないときは「伝令法」を施行します。

これは、救援列車などを運転する駅間を1区間として、その区間に対する「伝令者」を1名指定し、これを当該列車に同乗させた1列車のみの運転を許可する方法です。この伝令法では、列車どうしの衝突を防ぐため、あらかじめ駅長・指令員と運転士間で故障列車の位置や施行にあたっての手続を打ち合わせておく必要があります。

　以上のように、いろいろな異常時の対応に必要な手続きは、指令員が安全上、重要な役割を果たしますが、普段は滅多に体験しない業務です。しかし、手続きを誤れば列車衝突事故のような乗客の命にもかかわる事故につながります。そのため、これらの方法を施行するにあたっては関係箇所との調整をしっかりと行い、誤りのない対応が求められます。

6.2.3　自然災害に対する対応

　近年、強風や大雨の影響で列車の脱線・転覆などの事故が頻発するようになってきました。強風や大雨の情報を事前に把握し、列車を安全な場所で抑止させるなどの対応を行うことも指令の重要な使命です。

　そのため、災害情報収集の各装置（システム）により、線路はもとより沿線施設の状態、沿線の気象状況などを指令所に設置してある表示装置にリアルタイムに表示させ、場合によってはさらにモニタで映像を映し出し、常時監視を行っています。

　鉄道沿線で発生した風、雨、雪、霧、地震および河川増水などが、個別の線路区間に設定された規制値に達した場合には、警報音にて警告を発し、指令員に対して注意を促します。指令員は、それぞれ規定に基づき速度規制、運転見合わせおよび運転休止の指示を行い、事故を未然に防止します。

　これらのことにより、鉄道施設に障害が発生した場合、あるいはそのおそれがある場合は、線路設備や沿線設備の保守を行っている保線、電気、信号、通信部署に規制区間に対する巡回点検の指示や現場の状況確認および復旧手配の指示を行います。運転規制を解除する場合は、それぞれの規制値を下回った後に保線や電力などの施設担当の社員が巡回などで安全を確認、または相当時間が経過した後にそれぞれの規定に基づいて指令員が速度規制を解除し、運転再開の指示を行っています。

　2019（令和元）年、台風19号の接近時に車両基地および留置車両が浸水する事態が発生しました。鉄道施設が水害に見舞われると、駅構内の自動改札機や券売機の駅務機器類、信号機器室、転てつ器、変電施設、非常発電機器室、ポンプ室、エレベーターおよびエスカレーターなどが使用できなくなります。また、車両基地や留置線などにある車両が水害に遭遇すると、その被害は甚大となり、車両の制御機器、エンジンおよびモーターなどの主要機器の交換を要することとなりま

す。最悪の場合は編成単位の車両そのものを代替新造することになり、膨大な投資が必要となるばかりか、長期にわたり列車本数を減らした列車運行を実施せざるを得ない状況になります。

　この教訓から、車両基地や折返し線に留置する車両を水害から守る車両退避シミュレーションを策定している事業者もあります。予め水害のおそれのない退避箇所を定めておき、いざ水害のおそれが発生した場合には、速やかに車両を避難させるもので、そのような事態が発生した場合は、この車両退避計画に基づいて、指令が運転の指示、留置箇所および留置確認など実行の中心となって行います。

　このほか、事前に河川氾濫による浸水対策について政府、自治体と鉄道事業者を含め、協議やその対策を講じるなど連携も深めています。

6.3　保守作業における安全確保の取組み

6.3.1　線路閉鎖

（1）工事や点検作業

　列車の安全で安定した輸送を確保するためにも線路や架線などの地上設備の定期的な保守点検が必要となります。

　地上設備を保守点検する場合は、線路内に入っての作業も多くあり、保守作業員が安全に作業を行うためには、列車運行と線路内作業を分離する必要があります。

　大都市圏のように列車本数が多い路線の場合、日中時間帯に列車の運転を停止させて計画的に保守作業を行うことはなかなかできません。そのため、最終列車の運転が終了した後、翌朝の始発列車の運転までの深夜時間帯の限られた時間内で作業を行うことが中心となります。しかし、同時間帯での作業は安全面や作業面、作業員の確保などの面で課題があるほか、貨物列車などの運転がある場合には作業を中断する必要も出てきます。

　以前は、線路内で作業を行いながら、列車が接近した場合は、列車見張員が作

業員に列車の接近を伝え、線路外に退避させることにより、安全を確保してきましたが、列車見張員の注意力に依存するしくみであるため、列車の接近に気が付かず、作業員の尊い人命が奪われる事故につながることもありました。そこで、列車運行と線路内作業を分離することにより、作業員の安全を確保するために関係する信号機に停止信号を現示させることにより、列車を進入させない措置をとる「線路閉鎖」と呼ぶ方式も採用しています※2（**図 6.22**）。

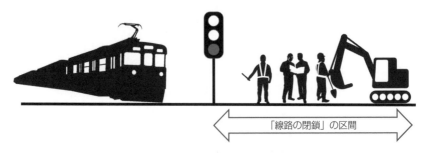

図 6.22　線路閉鎖のイメージ

　この手続きを行うことにより、作業している区間に誤って列車が進入して、列車脱線や列車転覆事故などの重大な事故を未然に防げるようになりました。

　また、作業員が列車と接触する事故も防ぐことができるようになりました。

　ただし、線路閉鎖も正しく手続きが行われなければ、重大な事故につながる可能性はあります。例えば、線路閉鎖の開始列車を間違えて作業を開始したり、線路閉鎖の区間を誤って線路閉鎖を承認したりすると事故になりかねません。そのような事故を防ぐためにも駅や指令所では、計画段階から実施段階まで作業の責任者などとさまざまな打合せや確認を重ね、線路閉鎖工事の対応を行っています。

　現在、運行管理のシステム化が進む中では、運行管理するシステムと携帯端末とを結んで、現場作業の責任者が保守作業用のハンディ端末機を利用して、直接手続きを行えるようにしたしくみを導入している事業者もあります。これにより、保守作業を行う区間の列車の運行状況や運行計画から保守作業の許可や拒否を判断するしくみになっており、駅や指令所が線路閉鎖工事の状況を把握することができ、安全性や作業員の利便性を向上させています。

※2　参考事例：鉄道重大インシデント調査報告書、2014（平成 26）年 2 月、東日本旅客鉄道　川崎駅構内

(2) 工事や点検作業以外

　災害時や防水ゲート（**図 6.23**）の閉鎖、車両あるいは線路などの試験のため車両を運転する必要がある場合、除雪作業をするため除雪機械を走行させる場合、さらには他の列車または車両を支障区間や試験区間に進入させないような場合にも線路閉鎖が行われます（**図 6.24**）。

図 6.23　防水ゲート

図 6.24　線路閉鎖表示板

6.3.2　保守用車の扱い

　保守作業においても、技術革新により機械化や自動化が進んでいます。

　そのため、今までは保守作業員が線路を巡回して目視などにより保守や点検を行っていましたが、現在は線路内に入ることなく保守用車を活用した作業・点検が行われるようになってきています。

　その結果、作業の効率性や作業員の安全性の向上にもつながっています。

　また、保守用車についても大型化が進み、営業旅客車両と同等の大きさのものも活用されてきており、効率化が図られる一方、保守用車に関する手続きを誤ってしまうと、列車や他の保守用車との衝突事故などにつながる可能性もあります。衝突事故やそれに伴う脱線事故が発生すると、安全上の問題だけではなく、列車の運行にも大きな影響を与えることとなります。

　保守用車の作業では、保守基地から出区後、本線や構内の多くの線区を走行し作業箇所に到達するため、駅や指令では、走行区間や移動のタイミングを十分に把握し、保守用車責任者と一つひとつの作業手順を確認しながら、進路構成を行っています。

　保守用車に対し、以前は、旅客列車などに比べて保安装置などの導入や整備が遅れていましたが、無線などを活用した衝突防止装置や在線位置を把握できるシステムの開発などが進んできており、安全性が格段に向上しています。さらに、線路閉鎖作業と同様に保守用車責任者がハンディ端末を活用して手続きを行うしくみを採用する線区も出てきています。

　営業列車車両と異なり、従来の保守用車はレールを短絡して車両在線を伝えることができなかったため、踏切が動作せず、踏切監視員の手配が必要でした。しかし、現在では短絡走行可能な保守用車もあり、踏切などでの安全性向上につながってきています。

6.3.3　横取装置

　保守用車を格納しておくために、駅間や駅構内に保守用基地線が設けられています。この保守用車が保守作業などのため、本線路に出入りする際、ポイント部分とクロッシング部分のレールに「渡り板」を被せる簡易な分岐器を用いることがありますが、これを「横取装置」（**図6.25**）と呼んでいます。

図 6.25　横取装置

　この横取装置は、列車の運転に使用する一般の分岐器とは異なる特殊な分岐装置で、普段はこの渡り板は裏返しとなっており、保守用車を通過させる必要があるときは、この渡り板を引き起こして本線レール上に覆い被せて使用する構造となっている装置です。

　横取装置は、信号機と連動していないしくみであるため、使用後に元の状態に戻すことを失念すると列車脱線事故を発生させてしまいます。

　過去においては、この渡り板の復位失念のために列車脱線事故を発生させてしまいました。その対応策として、現場で確認できるしくみを整備していることはもちろんのこと、指令所にも警報で知らせるしくみを取り入れている事業者もあります[3][4]。

---

[3]　参考事例：鉄道重大インシデント調査報告書、2009（平成21）年2月、近畿日本旅客鉄道　東青山駅構内

6.4 事故などが発生したときの対応

　指令所では、事故や輸送障害発生時は、乗務員からの情報など、現地の情報を収集し、支障時間の短縮と最大限の運転区間を確保し、乗客への影響を最小限に留めることに心がけ、速やかに平常運転や通常業務に戻すための対応を行います。

　被害の規模などにより長時間にわたる影響が考えられる事故の発生箇所には、現地対策本部（**図6.26**）を速やかに設置し、現地と指令所が連携を取りながら、乗客の救済や事故の復旧処置などに対応しています。この際、現地と指令所で正確な情報を共有することが重要となります。

図6.26　現地対策本部

　また、列車衝突、列車脱線、列車火災、駅施設等火災および人身事故や事件などの発生時には、警察や消防への通報を速やかに行います。特に、乗客の救済や避難および誘導の際には警察や消防との連携も重要であり、緊密な連携を取りながら対応しています（**図6.27**）。

　現場からの報告や指令員との相互の確認や連絡、警察や消防との連携がきちんとできていないと、さらに人身障害事故を発生させる恐れもあるため、このような関係部署と連携した訓練が定期的に行われています[5]。

※4　参考事例：鉄道重大インシデント調査報告書、2019（平成元）年6月、横浜市交通局　下飯田駅〜立場駅構内

※5　参考事例：鉄道重大インシデント調査報告書、2002（平成14）年11月、西日本旅客鉄道　塚本駅構内

図6.27　消防機関と連携した旅客の救出訓練

　ワンマン運転を実施している路線では、異常発生時に運転士が運転室から離れた所で処置や対応を行うこともあります。このように、車内放送を行うことができない場合には、指令所から車内放送や非常通報装置により、乗客と直接通話を可能とする設備を有している事業者もあります。

　この機能により、指令所から乗客へ直接対応することにより、乗客への対応の迅速化と安心を提供しています。

6.5 指令所施設

　指令所は、輸送管理上の中枢施設であり、セキュリティ面でも厳重に管理されています。そのため関係者以外は、社員でも自由に立ち入ることができないようになっています。

　指令所内の指令室においては、以前は壁一面に輸送状況を示す表示板が多く見られましたが、輸送管理システムの導入が進んでいく中、ディスプレイ端末に必要な画面を表示させるタイプの指令所も多くなってきています。

　また以前は、輸送指令とは別室に施設指令や電力指令などを配置するケースも見られましたが、最近では情報管理を効率・効果的に行うために、事業者によっては一元化管理しているタイプ（1か所に集約）と路線単位に一元化している路線分散型のタイプがあります。

　情報機器の進歩により、現地の情報を動画や写真で指令所に送信することができるようになったため、対策本部用のスペースを指令所内に確保し、大型ディスプレイで現地の状況を把握しながら対応ができるようにもなってきています。

　指令所の維持管理機能として、落雷や停電時における対策を講ずるため、一定時間停電しても安定した電力を確保できるバッテリーを備え、さらには自家発電装置を備えている事業者もあります。運行管理装置は、二重系となっており、メイン系統に障害があった場合は速やかに予備系統に切り替わり、システムダウンを回避できるようにしています。

　さらに、指令所には大地震に備えた耐震・免震機能、洪水に備えた浸水対策などのほか、落雷を防止するシステムなどの考慮もしています。

6.6 運行管理にかかわる情報収集・発信

6.6.1 列車運行に関する情報の収集

　運行管理を行うためには、運転中の列車の情報を把握することが重要です。

　現在のような輸送管理システムが導入される前は、各駅の駅長が把握する列車情報を収集し、線区の在線状況などを把握していました。しかし、現在は輸送管理システムの情報を活用することにより、さまざまな情報が指令所で把握できるようになっています。

　指令所には、列車の在線を表示（**図 6.28**）するためのプロジェクタ表示やモニ

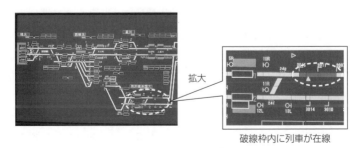

拡大

破線枠内に列車が在線

図 6.28　列車の在線表示

タ画面表示あるいは表示盤などにより、駅や信号所のほか、転てつ器や折返し線などの線路配線図が描かれ、その線路上に実際に走行している列車、折返し線などに待機している車両を表示しています。

単に列車の在線表示をするだけでなく、列車番号に加え、計画ダイヤからの早発や早着および延発時間を表示し、列車の運行状態を把握することができ、連動駅においては進路の開通状態が表示されています。

線路上に表示されている列車や車両には、列車無線装置が搭載されており、列車や車両から指令に異常報告や必要な通話を、あるいは指令から列車に対しては運転変更の指示・通告や現場確認の指示を行っています。列車無線の交信を行っている列車番号や車両番号の表示、あるいは当該列車または列車在線位置付近に呼び出し表示がマーキングされ、どの位置にいるのかが指令員に目でわかるようになっているものもあります。

他鉄道会社線において輸送障害が発生した場合は、他社から「振替輸送」要請を専用電話などにより依頼を受け、依頼された会社では振替輸送を実施しています。

6.6.2 災害情報の収集

自然災害による輸送混乱の影響を縮小するために、指令所ではさまざまな気象情報を活用しています。最近はゲリラ豪雨のような予想がしにくい気象状況もあるものの、台風による大雨や低気圧を伴った大雪のように事前に予測がつく状況も多くなってきています。そのため、自社の観測設備に加えて、専門の気象情報を提供する会社からの情報も加味して災害対応を行っています。

気象状況を把握するために、自社の観測設備としては、当該路線に雨量計、風速計、地震計、河川水位計、降雪計、土砂崩壊検知システム、早期地震通報システムおよび監視カメラを備えており、それらの情報が指令所でリアルタイムに確認できるよう常時、防災監視をしています。

風速計は、運転指令のディスプレイなどにリアルタイムで表示され、規定値を超えると警報が鳴動して知らせています。

雨量計や河川水位計などは、運転指令が状況により運転規制や運転見合わせを判断するのに使われます。また、河川の水位上昇などの重要な監視地点には、監視カメラを設置して運転指令の目で確認できるようになっています。

過去には、乗務員からの強風報告があったものの、指令員が運転見合わせを行わなかったことによりトラブルを招いたことがありました。規定を遵守することはもちろんのこと、指令員の適切な判断や対応は大事なことです[6]､[7]。

降雪時の対応としては、保線区などの屋外に実物のパンタグラフを据え付け設置し（**図6.29**）、降雪の状況やパンタグラフへの着雪や降下状態を運転指令に報告させ、今後の運転規制の良し悪しを判断することができるよう工夫している例もあります。

他機関との連絡・通報機能としては、直通運転先事業者の指令所や警察および消防との連絡にはホットラインがあり、事故発生時には速やかな連絡対応が可能となっています。

図6.29　パンタグラフ着雪監視

6.6.3　監視情報の収集

運行管理を行ううえでは、列車の運行に関する情報だけでなく、駅などの情報も判断に必要な情報となっています。現在は、駅構内などに設置してある監視カメラの映像を指令所などで確認することも可能となっており、列車の運休や折返し変更、列車の抑止の検討などにも活用しています。

ダイヤが乱れて列車が混雑している場合やイベント開催などにより駅構内が混雑している場合は、駅構内に設置されている監視カメラによりホームや階段、エスカレーターの混雑状況を見ることができ、あわせて駅事務室でも映像を見ることができます（**図6.30**、**図6.31**）。

この情報をもとに駅長から混雑状況を指令所に報告したり、直接、指令員が映像を見て混雑対応の指示を行ったりするほか、乗務員や他の駅に情報を速やかに伝達することにより、混雑対応や注意喚起を行うことができます。

近年では、ホームドアの設置が増えていますが、ホームドアに異常が発生した

---

[6]　参考事例：鉄道重大インシデント調査報告書、1985（昭和60）年7月、日本国有鉄道　古君駅〜鵜川駅間脱線事故

[7]　参考事例：鉄道重大インシデント調査報告書、1986（昭和61）年12月、日本国有鉄道　鎧駅〜餘部駅間脱線事故

図6.30 エスカレーター監視　　　　　　図6.31 エレベーター監視

場合は、駅事務室や指令所に警報が鳴動するようになっており、迅速に故障対応ができるようになっています。

　また、パンタグラフに異常や損傷がないか、地震発生により橋梁に異常や損傷がないか常時監視を行っている事業者もあります。

　車両には、制御器や断流器などの高電圧機器、主抵抗器や空気圧縮機などの高熱を発生する機器が搭載され、さらに車軸の温度上昇により、それらの機器が故障や不具合により発煙、発火に至る可能性もあることから軌道などに温度検知器を設置して、通過列車の床下機器や車軸の発熱レベルを検知しています。車両単位に平常運転時の発熱パターンと比較し、車軸検知器と編成番号読取装置により通過速度と車両番号を確認して収録データを処理装置に伝送しています。万が一、異常な発熱が発生した場合は、すばやくその兆候を捉えて指令所に警報を表示し、重大事故を未然に防止するとともに、大事に至る前に列車を入庫や退避させるなどの手配を行っている事業者もあります。

　近年では、ホーム上の安全対策のため、ホームドアを導入している事業者も多く、ホームドア異常警報や非常開ボタン操作の状況が設置されている駅や指令所でも警報が上がるしくみとなっています。

6.6.4　列車運行などに関する情報の発信

　列車運行に関する情報については、本社などの輸送計画担当が作成した輸送計画をもとに、駅・乗務員・施設などの各現場などの関係各所に、部報や運転通報などにより伝達され日々の輸送が行われています。近年では、伝達システムを採用している事業者もあり、あわせて予め計画された臨時列車についても輸送計画

部門が担当することが中心となります。

　しかし、事故や災害などにより輸送混乱が発生し、急遽の計画変更、示達が必要な場合は、運転指令からの指示・伝達が行われ、列車無線、指令電話およびFAXなどを使用して関係部署に連絡しています。

　以前は、乗務員への計画変更の指示は、駅長を介して、変更内容を示した指示書である通告券を発行して通知（**図6.32**（a））していましたが、現在では、輸送指令から列車無線を使用し直接乗務員に通告（図6.32（b））するケースが中心になってきています。

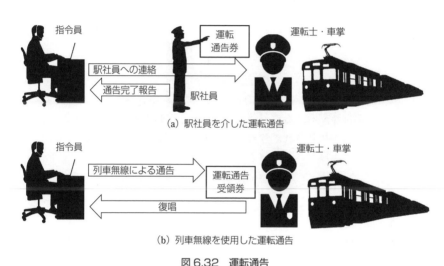

(a) 駅社員を介した運転通告

(b) 列車無線を使用した運転通告

図6.32　運転通告

　こうした反面、多くの列車が走る線区では、列車無線による通告を行う列車本数が多くなり、通告時間のために遅れが増すといった問題や通告漏れや通告内容の誤りなどのエラーが発生する可能性もでてきます。

　それらの課題を克服するために通告伝達システムが導入された線区もあり、乗務員がきちんと受領したことを確認できることや内容を運転台のモニタ画面に表示するなどの対応と合わせて、迅速に正確な通告に努めています。

　また、イベント開催により駅およびホームの混雑（**図6.33**、**図6.34**）により、列車の駅進入や進出など、列車運転に注意を喚起する場合に指令所から列車に対して情報提供を行っています。

図 6.33　イベント時の駅構内混雑

図 6.34　イベント時のホーム混雑

　自社線内または他社線で輸送障害があり運転見合わせを行っている場合に「振替輸送」が実施され、その情報を乗務員や駅係員に情報を伝えています。

　各装置を適切に使い分けることにより、確実な指示を発信し伝達することに心がけているとともに、最近ではタブレット端末を使用して、写真、動画、アプリなどを共有し、正確な情報伝達や指示ができるようにしています。

6.7 利用者への情報発信

　輸送障害が発生した場合、利用者が目的地に向かうための迂回・代替経路などの情報などを駅員などに尋ねられることが多くあります。そのため、指令所では運転再開見込みや最新の運転計画を駅や乗務員に伝達し、利用者への情報提供を行ってきました。さらに、それらの情報を駅改札口付近にディスプレイ（**図6.35**、**図6.36**）で掲出し対応しています。

図6.35　改札口ディスプレイ（台風接近時）

図6.36　改札口ディスプレイ（運転見合わせ）

　現在は、駅改札口のディスプレイやホームの旅客案内装置（**図6.37**）、車内の案内表示器および車内案内モニタ（**図6.38**）に指令所から直接、情報を表示したり、駅構内に一斉放送をしたりするようになってきています。

図6.37　旅客案内装置の事故情報

図6.38　車内案内装置の事故情報

　また、事業者によっては、運行管理システムに入力した列車ダイヤ情報を利用して、駅の旅客案内装置（発車標）の行先、列車種別、停車駅案内（または通過駅案内）、編成両数、ホーム到着・発車番線などの表示や自動案内放送を自動的に行い、列車の運行と利用者への案内が一体にできるしくみにしています。

　また、ホームページやスマートフォンアプリ、運行情報メール配信（**図 6.39**）および Twitter（**図 6.40**）などの各種ツールを有効に用いて、運行状況や各種情報の提供を積極的に行っています。

図 6.39　運行情報メール配信

図 6.40　Twitter でのお知らせ

　近年におけるスマートフォンやタブレットなどの普及により、誰もが手軽に情報を得ることが可能となっています。そのため、SNS などで利用者自身が列車の運行状況やリアルな情報発信をするなか、利用者どうしが情報を共有するケースも増えています。

　また、列車走行位置の情報をアプリで提供し、列車の遅れや駅に列車が到着している状況、さらには列車の混雑状況ならびに１車両ごとの混雑状況や車内温度を表示する、いわゆる「見える化」に取り組んでいる事業者もあります。この情報を得ることで、列車が大幅に遅延していた場合など、利用者が目的地に迂回判断をする際の一助にしています。

　このようなことから、情報媒体になるべく早く正確な情報を利用者に伝えてい

く努力も行っています。

　各種情報提供においては、多言語対応による対応も行っており、年々増加している外国人利用者に対してもサービスを行っています。

　近年では、自然災害がもたらす交通機関への影響が大変多く発生している状況があり、特に鉄道においては、さまざまな運転規制により列車の運行を制限、あるいは停止させなければならないケースがあります。

　その中でも、特に台風（強風）と大雪（降雪）の時には、利用者に大きな影響を及ぼしかねません。

　かつては、「動けるまで動かしたい」というのが、鉄道の輸送使命・運転の精神でした。しかし、2014（平成26）年の台風19号接近の際は、予め列車の運休のおそれがあるときは、先手を打って列車を運休させてしまうという、鉄道においての「計画運休」[※8] という手法が取り入れられ、大きな混乱を回避することができました。

　その後も、このような計画運休が実施され、現在では鉄道事業者や利用者、企業、学校にも浸透して理解も深まってきています。列車の運休などの情報を告知するうえでは、提供する情報の内容やタイミングが最も重要であり、利用者の誤解や混乱を招かないように社内関係部署との調整はもちろんのこと、関係交通機関と協調して行っていく必要があります。

　計画運休に際しては、利用者、企業および学校に対してできる限り早く情報提供することが望ましいことはいうまでもありませんが、特に台風接近時においては、台風勢力や予報進路によってかなり差が生じるため、なかなかぴったりと列車の運行停止時刻を決定することは難しくなっています。

　そのため、計画運休については、タイムラインを定めて、きめ細やかに情報提供を行っていくことになっています。

　運転再開にあたっては、計画運休や運転規制などにより駅や車両基地に停止させていた車両を、速やかに平常の輸送に復さなければなりません。

　特に、台風通過後は一気に天気が回復して、過ぎ去ってしまえば平常運転で動

※8　計画運休：台風などの悪天候により、鉄道施設への被害、ダイヤ乱れや運転見合わせによる帰宅困難、長時間にわたる駅間停車により、乗客を長時間、車内に閉じ込めてしまうような事態を避けるなど、事前に広範囲において大きな社会的混乱が想定される際に予め運休を決定し、予め告知したうえで運休を行うことで、予告運休や事前運休などとも呼ばれています。

くであろうと思われがちであるため、運転再開見込み時刻の決定については、慎重な判断が必要です。

　鉄道施設や設備の点検を行わなくてはなりませんが、風速が規定値以下とならなければ点検が行えません。不幸にも施設や設備に損傷が生じた場合、あるいは損傷規模が大きくなっていた場合、被害の状況によっては、さらに安全確認や点検に要する時間が異なり、運転再開時刻[※9]が大幅に変更される場合があります。

　そのために、運行開始時における輸送力を考慮して、計画運休時（運行終了時）に予め的確な車両配置（車両留置）を行って混雑対策を行っている事業者もあります。

6.8 教育と他事業者との連携

6.8.1 指令員の教育など

　今まで述べたように、指令員はさまざまな業務を遂行し、時には異常時における対応を瞬時に的確に行わなければなりません。全く経験したことがない事象やマニュアルに書かれていないレアな事象に遭遇することも多くあります。指令員は、通常の指令業務の時間外に、過去の異常時の取扱いや実際に行われた事例を学んで自分が判断するための「引き出し」を増やしていきます。

　かつては、基本的な規定や取扱いを学んだ後は、OJT（On the Job Training：仕事をしながら業務を覚えていく教育方法）により指導する時代もありました。

　異常時における事象は、ケースバイケースであり、さまざまな状況を想定してシミュレーションしておく必要があります。

　指令員は、特殊な事象や輸送障害が発生した場合、特に重要とされる内容は、定期的に繰り返してリマインドするほか、ミーティング内容を資料化して、転勤者が過去の事象として確認できるしくみも構築しています。

　また、「検証会」を開催して、特殊な事象や輸送障害に携わった駅や乗務員区

※9　運転再開時刻…列車が営業運行を再開する時刻で、列車本数は数本、あるいは、営業運転を再開する最初の１本が発車する時刻のことをいいます。

を交えた意見交換の場を設け、さまざまな視点から意見交換を行い、情報を共有化しています。

6.8.2 他事業者との連携

列車の運行を行っていくうえでは、相互直通運転を行っている他事業者や接続駅等で関係する他事業者と普段から連携を緊密にしていかなければなりません。

特に異常時における対応では、指令所間の電話連絡によるものがほとんどとなります。相手の顔を見ずに電話１本で列車の運行が変わるなど、重要な判断やその後の列車運行に大きな影響を与えることになります。

このように重要な役割を果たす指令業務では、定期的に他事業者の指令員と情報交換、運転整理手法、ダイヤ改正後の状況変化、特定列車の遅延および接続列車等を議題として「連絡会議」を開催しています。

また、鉄道業務と異なる他の交通モード事業者（航空、道路、警察、消防、警備会社など）と相互に意見交換会を行い、異なる仕事ではあるものの相互理解を深めるほか、視野を広くもつことや同じ指令業務に携わる者として、スキルアップやモチベーション向上に努めています。

〈参考〉過去に発生した指令と係員相互における主な事案

発生日	事業者 発生場所	事故種別	事案内容
1962（昭和 37）年 11 月 29 日	日本国有鉄道 羽後本荘駅 ～羽後岩谷駅間	列車衝突	単線区間において急遽行き違い変更をすることになったが、すでに列車の発車手配を行ってしまっていたことから、輸送指令が再度の行き違いを変更することとし、駅に指令したが連絡の不十分や資格者以外の係員が閉そく扱いを行ったことにより正面衝突した。
1986（昭和 61）年 12 月 28 日	日本国有鉄道 鎧駅 ～餘部駅間	列車脱線	事故前、風速運転規制を示す警報が事前に 2 回作動していた。1 回目の警報では指令から駅に問い合わせたところ、風速は規制値以内で異常なしと報告を受けたため状況を監視していた。2 回目の警報が作動時、停止を指示する特殊信号機を作動させても間に合わないという理由で列車を停止させなかったため、橋梁から列車が転覆した。
1994（平成 6）年 2 月 22 日	北海道旅客鉄道 新得（信） ～広内（信）間	列車脱線	現場付近の風速計が故障したままで、現場付近を事故前に通過した乗務員からの強風報告があったものの、指令員が列車の運行停止を行うなどの措置を取らなかった。現場付近では 25m/s を超える風速時には、運転見合わせを行うほか、防風フェンスを設置した。
2002（平成 14）年 11 月 6 日	西日本旅客鉄道 塚本駅構内	鉄道人身障害	鉄道係員が現場に立ち会っている状況にもかかわらず、関係係員間の情報伝達が確実に行われなかったことなどにより、輸送指令が現場の正確な状況を把握できていなかったため、救急隊員が列車に触車したもの。
2015（平成 27）年 5 月 22 日	九州旅客鉄道 肥前竜王駅構内	重大インシデント その他	乗務員と指令間で列車停止位置についての認識が異なり、報告および確認方法が遵守されず、下り場内信号機を越えた位置に停止した列車が、同信号機に停止信号が現示された後、指令員の指示により運転を再開し信号冒進した状態で、上り列車に対する過走余裕距離の区間内に進入し、指令員の指示および信号現示に従い運転された上り列車が上り場内信号機を越え、過走余裕距離区間に 2 列車が同時に運転された。
2017（平成 29）年 12 月 11 日	西日本旅客鉄道 名古屋駅構内	重大インシデント、車両障害	台車亀裂が発生し、異変を乗務員及び点検係員が感じながらも、列車を止められなかったことについて、人間の「確証バイアス」※というヒューマンファクターがかかわっており、「相手が止めたくないと思っていたら、曖昧な言い方をすると、止めない方向に解釈されてしまう。したがって明確な表現で伝えることが大切である」と教育された。

※「確証バイアス」とは、自分にとって都合のいい情報ばかりを無意識的に集めてしまい、反証する情報を無視したり集めようとしなかったりする傾向のことをいい、最初に思い込みがあると、さまざまな情報があっても、最初の考えを支持するような情報ばかりに目がいくことをいいます。

第7章

駅 〜利用客の安全の砦〜

　駅、特にホーム上は、列車が高速で利用客のすぐそ
ばを走行するため、時に危険と隣り合わせとなる空間
です。そこで、利用客が鉄道を安全で快適に利用でき
るようにするために、ホーム上ではさまざまな工夫を
しています。

　また、万が一、駅で火災が発生した場合、利用客が
安全な場所まで確実に避難できなければなりません。
特に、火災時の危険が地上にある駅よりも大きくなる
地下駅では、火災による被害を少しでも軽くするため
の設備を設けています。

　本章では、利用客がホーム上で車両との接触を防ぐ
ための設備や、地下駅の火災対策などについて紹介し
ます。

7.1 車両との接触防止

　鉄道を安全に利用できるようにするには、事故を起こさないようにしなければなりません。事故のなかでも車両との接触は生命に直結する可能性が高いため、さまざまな対策を講じています。

7.1.1 ホームドア

　2001年1月にJR山手線新大久保駅において、ホームから線路に転落した人を救助するために2名が線路に降り、駅に入ってきた列車に接触してこの3名が死亡する痛ましい事故が発生しました。また、ホームからの転落も、度々起こっています。

　列車との接触やホームからの転落を防止するための抜本的な対策が、ホーム床面から天井近くまで壁で覆うことのできる構造のホームドアです（図7.1）。写真からわかるように、列車への接触やホームからの転落はほぼ根絶できることが期待できます。ホームドアは新交通システムで初めて導入され、普通鉄道では東京メトロ南北線に初めて導入されました。

図7.1　ホームドア

　ホームドアは、事故防止に対しては大きな効果が期待できる反面、設置工事費が高いので広く普及するに至っていません。そこで、ホームドアよりも低コストでホームドアとほぼ同じ安全性が確保できる設備として、ドアの高さが天井までは届かない構造の可動式ホーム柵が開発されました（図7.2）。

図7.2　可動式ホーム柵[1]

可動式ホーム柵も一般にはホームドアと呼ばれることが多いので、以下、本書では両方ともホームドアと呼ぶことにします。

　ここまで紹介したホームドアは、車両ドアとホームドアが同じ位置にありますが、**図7.3**に示すように複数の車両ドア部をまとめて開口部としたホームドアもあります。

　さて、路線によってはドアの位置が異なる複数の種類の車両が走行することがあります。この場合、図7.1や図7.2で紹介したタイプのホームドアでは、すべての車両ドア位置に、ホームドアを設けることができません。このような状況に対応するため、ロープやバーを上下に移動させることにより、広い開口部を確保できる新しいタイプのホームドアも実用化されています（**図7.4**）。このような新しいタイプのホームドアの開発により、従来の方法では整備が難しかったホームで

図7.3　複数の車両ドアに対応したホームドアの例[2)]

（a）ロープ降下時の状態

（b）ロープ上昇時の状態

図7.4　昇降ロープ式ホームドア[3)]

もホームドアが普及するようになりました。

　ホームドアの整備によって、列車の運行方法にもいくつか変更や改良を加えています。まず、車両ドアとホームドアの位置を同じにする必要があります。図7.4で紹介したタイプのホームドアでは、車両のドア位置の自由度は高くなりますが、それでもホーム上のどこかにはホームドアの壁や柱を設ける必要がありますので、車両のドア位置には多少の制約があります。そこで、車両のドア位置を揃えるために車両を新造することもあります。

　次に、1車両のドアの数が異なっていたり異なる編成数の列車が発着したりするホームでは、車両ドアがある場所だけのホームドアを開ける必要があります。このような駅では、列車が駅に到着すると列車からホーム上に設置したアンテナに向けてドアの位置情報を無線で伝えたり、車両が停車している位置を検知するためのセンサをホーム上に設けたりして、到着した車両の種類を把握し、必要なホームドアだけを開く制御をしています。

　また、ほとんどの路線では、運転士が手動で列車を止めていますが、列車のブレーキ力は乗客数や天候により異なるため、停止位置は列車ごとにわずかに異なります。そこで、列車を正しい位置に停止させるために、一部の駅では列車の停止時のみ自動で列車速度を制御するシステムを導入しています。このシステムを導入すると、車両はいつも同じ位置に止まるため、ホームドアの幅に列車の停止位置の誤差を考慮する必要がなくなります。これにより、ホームドアの幅を狭くすることができ、わずかですがホームドアの開閉時間を短くすることができます。このわずかな時間差でも列車の所要時間が短くなったり、列車を増発することができたりするので、鉄道の利便性向上にも寄与する技術です。

　これらのような工夫の積み重ねにより、わが国のホームドア設置数は年々増加しており、2019年度末では全国で858駅となりました。また、1日当たりの平均利用客数が10万人以上の駅は全国で285駅（2019年度末）ありますが、このうち約54％の154駅でホームドアが整備されました（**図7.5**）。これからも、さらに多くの駅で整備が進むことが期待されています。

7.1.2 固定式ホーム柵

　ホームドアと同様にホームからの転落防止のための設備に固定式ホーム柵があります。固定式ホーム柵は、ホームドアから可動部を取り除いたような構造で

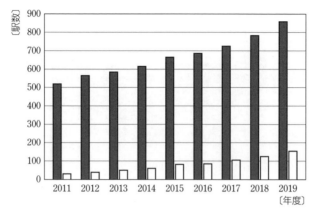

■ 全ホームドア設置駅数　□ 10万人以上駅におけるホームドア設置駅数

図7.5　ホームドア設置駅数の推移（文献[4]から作成）

図7.6　車両ドア間に設置された固定式ホーム柵[1]

す。主に、車両ドア位置がほぼ同じ列車のみが発着するホーム、利用客数が多くないホーム、利用形態が特殊なホームなどで採用されています（**図7.6**）。また、線路頭端部などで、使用されていない部分を覆う柵もあります（**図7.7**）。

7.1.3 非常停止ボタン

　利用客がホーム下に転落したり走行している車両に近づいたりするなど、利用客が車両と接触する危険が生じた場合に、その危険を迅速に列車乗務員や駅員に

図 7.7　線路頭端部に設置された固定式ホーム柵[1]

知らせるため、利用客の多い駅を中心に、非常停止ボタンを設置しています（図 **7.8**）。非常停止ボタンは、ホーム上の柱に取り付けられていることが多く、存在をわかりやすくするために、赤白の縞模様とするなど目立つ色にしています。

利用客や駅員がホーム上で危険を察知して非常停止ボタンを押すと、警報音を出すなどにより駅員や指令員などに異常を知らせます。さらに、運転士や車掌にも異常を伝えるため、赤い非常灯を点滅させたり、信号を停止信号に切り替えたりします。一部の路線や駅では、ボタンが押されると無線で非常停止信号が付近の列車に送られ、信号を受信した列車が

図 7.8　非常停止ボタン[1]

自動的に停止するシステムを導入しているところもあります。いずれの方法でも非常停止ボタンで危険が知らされた場合には、1 秒でも早く列車を停止させることにより、接触事故に至らないようにする措置を講じています。

7.1.4　ホーム監視カメラ

利用客の多い駅やホームが曲線となっている駅には、ホーム監視カメラを設け

図 7.9　ホーム監視カメラ[3]

て、車掌や駅員がホーム上の安全を確認しています（**図 7.9**）。

7.1.5　転落検知マット

　曲線状のホームでは、ホームと車両との間の隙間が広くなるため、利用客がその隙間からホーム下に転落する可能性があります。利用客がホーム下に転落すると、列車と接触する危険がホーム上よりも格段に高くなります。そこで、利用客がホーム下に転落した場合に、それを検知するための設備を備えている駅があります。転落を検知する方法には、転落したときの衝撃を感知する方法や、光学センサや画像処理による方法など、いくつか種類があります。これらのうち、現在多く採用されているのは、転落した人の衝撃などを直接検知する転落検知マットです。

　転落検知マットはホーム端部の直下に設置されています（**図 7.10**）。転落検知マット上に人が転落すると、列車乗務員や駅員に警報ランプや警報音などで異常を知らせることにより、列車乗務員は列車が動いている場合にはただちに列車を停止させます。一部の路線や駅では、転落検知マットが作動すると、非常停止ボタンが押されたときと同様に、無線で非常停止信号が付近の列車に送られ、信号を受信した列車が自動的に停止するシステムを導入しているところもあります。

　転落検知マットはホーム曲線部だけでなく、利用客の多いホームにも設置されている場合があります。

　このように、ホーム下に利用客が転落しても、列車を迅速に停止させることにより、接触を未然に防止しています。

図 7.10　転落検知マット[1]

図 7.11　連続的に設けられたホーム下退避スペース[5]

7.1.6　ホーム下退避スペース・ステップ

　利用客がホームから転落してしまっても、近くに退避できる場所があると列車と接触する可能性を減らすことができます。そこで、ホーム下にはホーム下退避スペースが設けられています（**図 7.11**）。ホーム全長に渡ってホーム下退避スペースが設けられるのが理想ですが、古いホームだと土を盛った構造となっているため、このようなスペースを設けることができません。そのため、**図 7.12** に示すようにある間隔でホーム下退避スペースを設置していることもあります。

　さらに、ホーム上まで安全に昇るためのステップも設けられている駅もありま

図7.12 部分的に設けられたホーム下退避スペース[1]

図7.13 ステップ[5]

す（図 **7.13**）。

　多くのホーム下退避スペースやステップは、利用するときにすぐに認識できるように、黄色など目立つ色で塗装されています。

7.2 ホームからの転落防止

　ホームからの転落は、それ自体も危険であるうえに、列車と接触する確率がホーム上よりもかなり高くなってしまいます。そのため、ホームからの転落を防ぐことも重要です。ここでは、このようなホーム転落防止対策を紹介します。

7.2.1　転落防止ゴム・可動ステップ

(1) 転落防止ゴム

　ホームと車両ドアとの間の隙間は、足を踏み外す原因になります。そこで、この隙間を狭くするためのものに、転落防止ゴムがあります（**図 7.14**）。

(a) 取り付けた状態　　　　　　　　　(b) 転落防止ゴムの断面

図 7.14　転落防止ゴム[5]

　転落防止ゴムは、大きく分けて固定部分とくし状部分に分かれます。固定部分はボルトでプラットホーム端部に固定する堅固な構造に、くし状部分は、車両走行方向には容易に変形できる構造となっています。この構造により車両との接触が許容されることから、くし部分をなるべく広くして隙間を少しでも狭くできるようにしています。

(2) 可動ステップ

　転落防止ゴムと同様のもので、ホームと車両との隙間が広い箇所に、乗降時の踏み外しや転落防止のために設置している設備として、可動ステップがあります（**図 7.15**）。列車が到着すると、ホームからステップが張り出し、その後にホームドアと列車のドアが開きます。乗降が終了すると、ステップが格納され、すべてのステップが異常なく格納されたことを確認した後に列車が出発します。

　転落防止ゴムに比べて張り出し量を大きくすることができるため、転落防止ゴムでは補えない隙間を埋めるために使用されます。一方、張り出し量が大きいため、万が一ステップが格納されずに車両が動いてしまうと、車両と接触してしまいます。そこで、信号保安設備と連動させることにより、可動ステップが張り出

図 7.15　可動ステップ[6]

している状態では、列車が発車できないようにしています。

　転落防止ゴムと可動ステップが設置されると、車両とホームとの隙間からの転落を防止できることに加え、車椅子利用客が駅員などの介助がなくても列車に乗降できるようになるため、利用客の多い駅を中心に整備が進められています。

7.2.2　ホームベンチ設置方向の変更

　主に酔客がホームベンチから立ち上がり、そのまままっすぐ歩行してホームから転落することがあります。それを防止するため、一部の駅ではホームに設置したベンチを線路に対して直角の向きに変更しています（**図 7.16**）。

（a）変更前　　　　　　　　　　　　　　（b）変更後

図 7.16　ホームベンチ設置方向の変更例[7]

7.3 ホーム上での注意喚起

駅ホームでの車両との接触やホームからの転落を防ぐため、駅ホーム上には利用客に対して列車の接近を文字や音により警告する設備や転落を防止するための注意喚起を促す設備を設けています。

7.3.1 列車接近表示灯

利用客が列車の接近に気付かず、駅へ進入してきた列車と誤って接触することを防ぐため、表示や放送により注意喚起をしています。代表的な設備が列車接近表示灯（図 7.17）や列車接近放送です。スピーカーの方向に配慮することはもちろんですが、駅の環境によって、放送を聞き取りやすくするためや、近隣に大きな音が伝わらないようにするために指向性スピーカーを用いることもあります。

近年では、利用客の動きを検知して注意喚起を行う設備もあります。これは、列車との接触ならびにホーム上での安全確保の観点から、黄色い点状ブロックより線路側にいる利用客をセンサで検知し、注意喚起放送を行うシステムで、列車がホームへ進入および発車するとき、または列車が停車していないときなどに注意喚起放送をするしくみとなっています。

図 7.17　列車接近表示灯[8]

7.3.2 スレッドライン・CP ライン

ホーム縁端部はホーム上でも特に危険な場所なので、視覚的に注意を促すため、ライトを用いたスレッドラインや、目立つ色で塗装した CP ラインなどの対策を講じています。

スレッドラインとはホーム縁端部に埋め込まれたライトのことで、列車がホームを通過するときに点滅することで、利用客に注意を促します（**図 7.18**）。

CP（Color Psychology）ラインとは、ホーム縁端部に塗装された黄色、赤色または赤白の縞模様などの線のことです（**図 7.19**）。利用客にホーム縁端部であることを視覚的・心理的に注意喚起することで、車両との接触やホームからの転落を防止することが狙いです。現在も、多くの利用客にとって視認性が高くなるような色などについて検討が進められています。

スレッドラインや CP ラインのほかにも、ホーム縁端部での安全性をより高めるため、ホームと車両との隙間が広い箇所に回転灯、点滅するライト、暗くなりやすい足下を照らすための照明などを設置している駅もあります。

図 7.18　スレッドライン[9]

図 7.19　CP ライン[1]

第7章

駅 ～利用客の安全の砦～

7.3.3 視覚障がい者誘導用ブロック

　視覚障がい者が歩行する際に必要となる情報を提供するために、ホーム上やコンコース床上に、視覚障がい者誘導用ブロックが敷設されています。視覚障がい者誘導用ブロックは、大きく点状ブロックと線状ブロックの2種類あります（**図7.20**）。点状ブロックは丸い突起が並んでいるもので、警告や注意喚起を示します。線状ブロックは細長い突起が並んでいるもので、誘導や案内を示します。駅では、点状ブロックは階段やエレベーターの前や線状ブロックの分岐点などに敷設され、線状ブロックは改札とホーム階段とを結ぶ主要な経路上などに敷設されています。

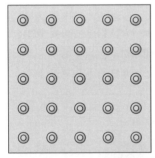 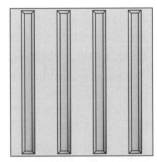

（a）点状ブロック
（警告・注意喚起を表す）　　（b）線状ブロック
（誘導・案内を表す）

図 7.20　視覚障がい者誘導用ブロック[10]

　2002年頃までのホーム縁端には、点状ブロックが敷設されていました。しかし、点状ブロックはどの方向から見ても同じ形のため、視覚障がい者がホームの内側と外側を区別する手がかりがありません。そこで、点状ブロックのホーム内側に線状ブロックと同じ突起を1本だけ付加したホーム縁端警告ブロック（内方線付き点状ブロック）が開発され、2002年以降全国の駅で普及しています（**図7.21、図7.22**）。また、ホーム縁端部のブロックは、列車が駅を通過する際の旅客の安全を考慮して、ホーム端から80〜100cm程度離れた位置に敷設することになっています。

　視覚障がい者誘導用ブロックは、通常黄色く塗られています。これは、黄色が

線路側　　　　　　　　　　　　　　　ホームの内側

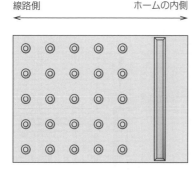

図 7.21　内方線付き点状ブロック
（文献[10]より作成）

図 7.22　内方線付き点状ブロックの敷設例[8]

弱視者にとって視認性が高いためです。一方、床面の色はブロックとのコントラストが高くなるようにしておく必要があります。

　以上で紹介した視覚障がい者誘導用ブロックの敷設方法については、国土交通省のバリアフリー整備ガイドライン[11]で示されています。これに基づき、ホーム上では、視覚障がい者誘導用ブロックが**図 7.23**のように敷設され、利用客の安全を高めています。

7.4 地下駅の火災対策

　万が一、地下駅で火災が発生した際に備えて、その被害を最小限にすることを目指し、火災や煙が広がらないようにするための対策や安全に避難するための対策を採っています。これらの対策は、鉄道に関する技術上の基準を定める省令、消防法、および建築基準法に準拠しているため、地下駅は火災に対して一般的な建物と同等の安全性を有しています。

7.4.1 火災が燃え広がらないようにするための対策

　万が一火災が発生した場合に、火災が周囲に燃え広がらないように、地下駅では燃えにくい材料を使用しています。また、売店の棚なども燃えにくい材料を採

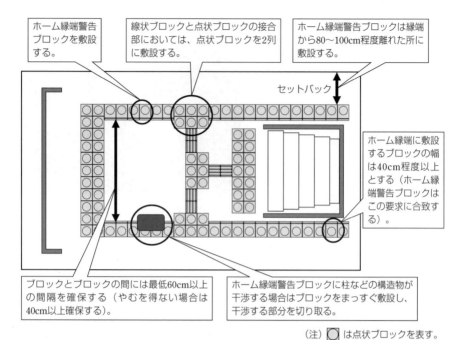

ホーム縁端警告ブロックを敷設する。

線状ブロックと点状ブロックの接合部においては、点状ブロックを2列に敷設する。

ホーム縁端警告ブロックは縁端から80〜100cm程度離れた所に敷設する。

セットバック

ホーム縁端に敷設するブロックの幅は40cm程度以上とする（ホーム縁端警告ブロックはこの要求に合致する）。

ブロックとブロックの間には最低60cm以上の間隔を確保する（やむを得ない場合は40cm以上確保する）。

ホーム縁端警告ブロックに柱などの構造物が干渉する場合はブロックをまっすぐ敷設し、干渉する部分を切り取る。

（注）◯ は点状ブロックを表す。

図7.23　ホームにおける視覚障がい者誘導用ブロックの敷設例[10]、[11]

図7.24　スプリンクラー[12]

用しています。

　あわせて、火災が拡大する前に消火活動を行うための屋内消火栓設備やスプリンクラーなどの設備を設置しています（**図7.24**）。

7.4.2　煙が広がらないようにするための対策

避難時に煙にまかれてしまうと、一酸化炭素中毒などのリスクが高くなります。そこで、火災時に発生する煙が周囲に広がらないような対策も行っています。

まず、火災による煙を屋外等に排出するため、排煙設備（**図7.25**）を設置しています。排煙設備は、地下駅部だけでなく地下トンネルにも設置しています。

図7.25　排煙設備

次に、煙が階段部やエスカレーター部を通って、上階へ広がらないように、火災が発生すると階段部やエスカレーター部のシャッターを閉じたり水膜を形成（**図7.26**）したりするなどで他の箇所と区画（防火区画といいます）します。なお、このシャッターが閉じた場合でも、避難するための扉が用意されているので、避難する人がホームなどに閉じ込められることはあ

図7.26　水膜による防火区画[5]

りません。また、火災検知後すぐにシャッターが閉まると、シャッターが避難の障害となる可能性があるため、火災検知後はシャッターが途中で止まり、避難完了の確認後にシャッターを床まで降ろす2段落としシャッターを設置している駅もあります（**図7.27**）。

7.4.3　安全に避難するための対策

火災時など非常時に避難する際にも、安全を確保する必要があります。このため、安全に避難できるための対策が採られています。

安全な避難の第1歩は、少しでも早く避難を開始することです。そのため、天

(a) 半閉

(b) 全閉

図 7.27　2 段落としシャッター[13]

井に設置されたセンサが熱や煙を感知すると、ベルなどで利用客や駅員に火災を知らせる自動火災報知設備を設置しています。

　避難を開始したら、地上まで安全なルートが確保されている必要があります。地下駅では、原則としてホームから地上まで 2 ルート以上の経路を確保しています。こうすることで、火災がどこで発生しても、最低でも一つは安全な避難ルートが確保できます。ただし、過密化した都市部では地上に複数の出入り口を設けることが難しい場所があります。その場合には、例えば建物の持ち主に建物の一部を地下駅の出入り口に提供してもらえるように協力をお願いするなどして、駅の安全を確保する努力をしています。

　避難の途中では、避難する方向がわからなくなる可能性があります。そこで、通路などには避難口の方向を示す避難口誘導灯や通路誘導灯を備えています。さらに、これらの誘導灯の補助として、停電や煙でうす暗くなっている状態でもしばらくの間は視認性が確保できる、蓄光式明示物も併せて整備されている駅もあります（**図 7.28**）。

　火災時には、電力設備が損傷して停電になる可能性があります。そのため、停電時でもバッテリーにより最低限の明るさを確保できるように、非常用照明設備も備わっています。

　地下駅では、このように何重もの対策により、火災に対する安全を確保しています。

図 7.28　蓄光式明示物

7.5 地下駅の浸水防止

　地下駅では、大雨などで引き起こされる浸水に対する備えもしています。

　地下駅の入り口には、防水シャッター（**図7.29**）、止水板などで駅への浸水を防ぎます。また、防水扉を設けたり入り口前をかさ上げしたりして、雨水が入りにくいようにしている駅もあります（**図7.30**）。

（a）シャッター開　　　　　　　　　　　　（b）シャッター閉

図7.29　防水シャッター[12]

図7.30　防水扉と出入口かさ上げ（階段上にあるのが、閉じられている防水扉）

【参考文献】
1）　小田急電鉄株式会社：安全報告書 2020（2020）
2）　東海旅客鉄道株式会社：安全報告書 2020（2020）
3）　近畿日本鉄道株式会社：安全報告書 2020（2020）
4）　国土交通省鉄道局：ホームドア整備に関する WG 報告書
5）　京王電鉄株式会社：安全報告
6）　東京地下鉄株式会社：安全報告書 2020（2020）
7）　西日本旅客鉄道株式会社：鉄道安全報告書 2020（2020）
8）　阪急電鉄株式会社：安全報告書 2020（2020）
9）　東武鉄道株式会社：2020 安全報告書（2020）
10）　大野央人：視覚障害者誘導用ブロック、RRR、Vol.72、No.6、p.28-31、鉄道総合技術研究所（2015）
11）　国土交通省：バリアフリー整備ガイドライン（旅客設備編）（2018）
12）　京浜急行電鉄株式会社：2020 鉄道安全報告書（2020）
13）　東京メトロ株式会社：火災対策

第**8**章

踏切設備
〜道路交通と乗客を守る〜

踏切とは道路法上の道路と鉄道の交差する場所をいいますが、遮断機のある箇所はもとより、警報機のみや標識だけのところもあります。本章では、踏切に設置されている各種機器の制御のしくみについて解説するとともに、踏切上で発生する列車運行の妨げとなる事象を検出して列車を停止させる設備など、事故防止に欠かせない重要な設備についても紹介します。

8.1 踏切に列車の接近を知らせる踏切の制御方式

8.1.1 踏切の動作原理

(1) 警報開始点と終止点

　踏切では、列車が近づいたときに、警報機の点滅と同時に警報音が鳴動を開始します。その数秒後に踏切道の交通を止めるための遮断桿（しゃだんかん）と呼ぶバーが降下し始め、列車が踏切に差しかかると警報音の鳴動を止めるか、もしくは音量を下げて、列車通過後に遮断桿を上げます。同じ踏切でも通過する列車速度の違いにより遮断時間に差が生じます。これは、踏切から一定の距離に列車が接近したことを検出して、その列車が踏切を抜けたことを検出するまでの間は、警報機の動作を持続するように設計されているためで、これを担う装置が踏切ごとに設置されています。

　列車の接近を検出する位置を警報開始点、列車が踏切を抜けたことを検出する位置を終止点と呼びます。この関係を図 8.1 に示します。

　①列車が警報開始点に近づいてきますが、この時点では警報機も滅灯しており、踏切は遮断機が上がった状態です。次に②列車が警報開始点を超えると、警報機が点滅を開始して、同時に警報音も鳴動を開始します。その列車が踏切に入ると鳴動は停止して、③踏切を抜けると遮断機を上げます。

　駅間にある踏切は、この一連の動きを繰り返していますが、警報開始点と踏切の間に駅があって当該駅で列車の停車を伴う場合は、停車中も警報機を鳴らしたままで遮断機も下りたままでは、踏切道の交通を長時間妨げてしまいます。次の(2) では、そのような個所の踏切制御について説明します。

(2) 駅に近接した踏切の制御

　(1) で説明した踏切の制御は一般的な踏切の制御ですが、図 8.2 に示すような駅の前後にある踏切は列車が停車する場合に特殊な制御を行います。

　警報開始点は同じですが、列車が停止信号で駅に停車する場合は、当該列車の停車後、一旦警報音を停止して遮断桿を上げます。列車を出発させるときは、再度警報音を鳴らして遮断桿を降下させた後に、列車に対して進行信号を現示しま

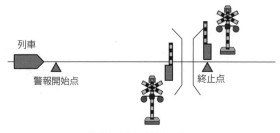

①列車が警報開始点に接近

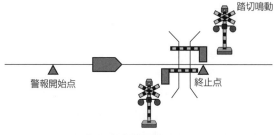

②列車が警報開始点を通過

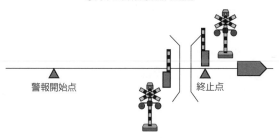

③列車が終止点を通過

図8.1　列車通過踏切の警報開始点と終止点

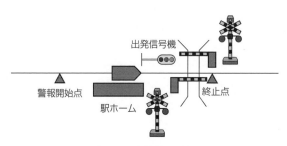

図8.2　駅前後の踏切

す。

　当該駅に停車する列車に対しても遮断桿を下ろすのは、駅に進入してくる列車が誤って停止位置を冒進したうえに踏切道内へも進入する事態を考慮した安全上の対策です。この場合列車が停車するまで警報を続け、遮断機も上げません。

　図には線路を 1 本しか書いていませんが、停車中の列車を追い越す列車があるような駅に近接する跨線数の多い踏切では交通量も多く、長く待たされることもありますが、安全確保の面から採られている原則に則って制御されています。

8.1.2 警報時分

(1) 警報開始から列車が来るまでの時間

　警報機は列車によって自動的に制御されるものと、駅に近接する踏切など警報の開始が人によって制御される半自動式がありますが、いずれも列車が踏切に到着したときに警報が止まります。この時間は30秒を標準としていますが、通過列車の速度により最小 20 秒、最大 60 秒に設定されています。

　この時間差は、160 km/h を列車速度の上限として最低でも 20 秒の警報時間を確保するものですが、実際の列車速度は運行状況などにより異なります。それでも 60 秒を超えることのないように努めることを定めたものです。

(2) 踏切を遮断し終わってから列車の先頭が踏切に達するまでの時間

　警報時分は、踏切道の跨線数（単線・複線など）によっても異なりますが、遮断機が降り切ってから列車の先頭が踏切に来るまでに 20 秒を標準としています。

(3) 対向列車の連続通過時の注意喚起

　列車が踏切を通過し終わる前に対向の列車が始動点を通過している場合は、先の列車が踏切を抜けた後に、警報機の鳴動音のピッチを変えて反対側線路の通過列車に対する注意喚起をする踏切もあります。

8.1.3 警報制御

　踏切に設置されている警報機を鳴らしたり止めたりするためには、その踏切を通過する列車を検出することから始まります。ここでは列車の検出方法の違いから二つの方式について説明します。

(1) 踏切制御子による列車検出と踏切の制御

　踏切制御子（以下、制御子という）は高周波電流を2本のレールに流し、通過列車の車輪と車軸を介して流れる高周波電流の有無を検出することで踏切保安装置の制御を行うものです。制御子には高周波電流の検出方法の違いによって閉電路式と開電路式の2方式があります。前者は踏切へ接近する列車の検出用で14 kHzと20 kHzを、後者は踏切の警報を止めるための列車検出用として30 kHzと40 kHzが使われてきましたが、近年8.5〜9.34 kHz間の5波を閉電路式に、9.56から10.5 kHz間の5波を開電路式に、それぞれ使用したものも使われています。

　はじめに閉電路式のしくみを説明します。**図8.3**に示すように左右のレールに15 mの間隔をおいて信号電流の出力と入力の端子を接続します。この状態では入力側の信号電流が出力側で検出されています。そこへ列車が進入するとレールは車輪と車軸を介して短絡されて信号電流は出力側で検出されなくなります。踏切警報機はこの状態で鳴動を開始し、その後遮断機を降下させます。

　開電路式は**図8.4**のように片側のレールに出力端子を反対側に入力端子を接続します。この状態では信号電流はレールに流れることはなく切れています。この位置に列車が来ると、左右のレールが短絡されて信号電流が流れます。これにより警報機の鳴動音量を小さくした後、時間をおいて遮断機を上げます。

　列車を検知することに変わりはありませんが、警報開始と終了で異なる方法をとっています。それは、制御子に不具合が生じた場合に閉電路式は、踏切を鳴動

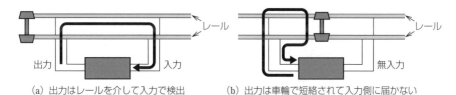

（a）出力はレールを介して入力で検出　　　（b）出力は車輪で短絡されて入力側に届かない

図8.3　閉電路式制御子のレール接続

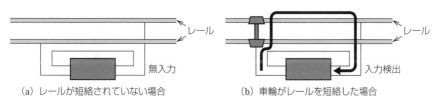

（a）レールが短絡されていない場合　　　（b）車輪がレールを短絡した場合

図8.4　開電路式制御子のレール接続

させる側に、一方の鳴動停止に使われる開電路式は、鳴動を止めないようにすることで、踏切通過列車の安全をより確実にするために採用している方法です。

　次に複線区間と単線区間における設置例を図 **8.5** に示します。複線の自動閉そく区間では図に示すように第 1 始動点のほかに必要により第 2 の始動点を設ける場合があります。自動閉そく区間において事故などにより列車の遅延が生じた場合に、後続の列車に対して速度を制限したうえで、赤信号の区間に入れることがあります。そのようにして生じる列車の渋滞が第 1 始動点を超えて発生すると、先行列車が踏切を抜けると警報機の鳴動は止まり、遮断機も上がります。この場合後続の列車は無警報で踏切に進入することになるので、これを防止するために後続の列車に対して新たな始動点が必要になります。

　単線区間では図 8.5 のように踏切の両方向に始動点がありますが、走行列車の方向により、片方の始動点を動作させない回路を設けて、踏切を抜けた列車が、対向の始動点を通過しても、通過した踏切を鳴動させないようにしています。

　駅間に置かれるこれらの制御子は**図 8.6** の器具箱などに収められています。

(2) 軌道回路による列車検出と踏切の制御

　図 8.7 で紹介する方式は、(1) で説明した踏切制御子による列車検出である点制御方式と対比して、軌道回路による列車検出のため連続制御方式と呼ばれています。この方式では、閉そく装置や連動装置で使われる軌道回路を用いている例もありますし、レールに流している ATS の電流を用いている例、踏切の制御用に可聴周波数帯の軌道回路を閉そく装置や連動装置で使われる軌道回路に重畳している例などがあります。いずれの場合もしくみとしては、4.1.1 項で述べた軌道

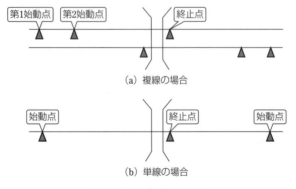

（a）複線の場合

（b）単線の場合

図 8.5　踏切制御子の配置

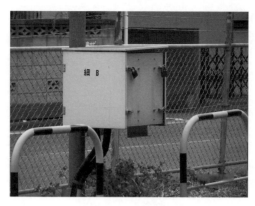

図 8.6　踏切制御子箱

回路と同じしくみを使っています。しかしながら、閉そく装置や連動装置で用いられている軌道回路の境界と踏切を警報させるために必要な軌道回路の境界とは異なることが多いので、閉そく装置や連動装置で用いられている軌道回路と別の軌道回路を併設しています。(1) で説明した点制御方式は、開電路式と閉電路式を組み合わせた方式のため論理が複雑になる傾向がありますが、この連続制御方式は、踏切の警報区間に設けられた軌道回路が列車を検知していれば踏切が鳴動し、列車を検知しなくなれば鳴動を停止するというシンプルな方式となります。

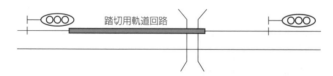

図 8.7　踏切用軌道回路の配置

8.2　通行者に列車の接近を知らせる踏切警報機

　踏切には交互に点滅する二つの赤色閃光灯と警音装置が、踏切警標と呼ばれる板をクロスさせた標識と同じ柱に取り付けられています。踏切保安装置と呼ばれる踏切設備は、人目に付きやすいように黄黒の縞模様に塗色され、列車往来の都

度、繰り返し動作して踏切の安全を確保しています。

　線路上の障害物に対しては列車を止めることでしか衝突を回避できない列車運転士にとって、一般の道路と平面で交差する踏切の警報機や遮断機が確実に動作していることが、安定輸送に欠かせない要件です。

8.2.1　踏切警報機の構造

　踏切警報機は写真（**図8.8**）に示すとおり、鋼管柱の頭頂部に警報音を発生させる指向性のあるスピーカがつけられています。クロスした板は踏切を表す警標です。その下に赤色警報灯、列車進行方向指示器（**図8.9**）が取り付けられています。

8.2.2　電　源

　踏切警報機の電源は通常バッテリーを使用しています。自営電力を使用している鉄道事業者では停電時においても列車運行に支障がないものの、停電地域内にあり売電を利用している踏切を通過する列車が来たときに無警報や無遮断となることを防止する必要があります。このため踏切設備は直流電源として浮動充電しておき、停電時にバッテリーへ切り替えるようにしています。

図 8.8　踏切警報機

図 8.9　列車進行方向指示器

8.2.3 警報現示制御

列車が始動点に至ると指向性のあるスピーカーから断続音と共に警報灯が点滅を開始します（**図8.10**）。断続音は警報音発生器で合成された電鈴音を断続させたものです。また警報灯の点滅は40〜60回/分となっています。図でもわかるようにスピーカーは線路側に向けられていますが、踏切へ近づいた自動車が窓を閉めた状態でも確実に聞こえる音量に設定された警報音の近隣住民への低減を考慮したものです。

警報機に隣接する電柱には踏切道を照らす照明灯がつけられていますが、夜間における踏切道の視認性確保と同時に、照明灯の光が直接運転士の目に入らないように、灯具にはブラインドの役目をするルーバーが付けられています（**図8.11**）。これにより踏切道のみが明るく照らされています（**図8.12**）。

図8.11　ルーバー付き踏切照明灯

図8.10　警報機上部のスピーカー

図8.12　照明で照らされた踏切道

第8章　踏切設備　〜道路交通と乗客を守る〜

231

8.3　列車の接近時に通行者を遮断する踏切遮断機

　遮断機や警報機の有無にかかわらず踏切を横断する道路には白い線が引かれており、車はここでいったん停止することが義務付けられています。これは踏切道前方の渋滞で踏切内へ侵入した車が出られなくなることを防止するための措置で、踏切前方の道路が空いていることと左右の安全を運転者に確認させる目的から来ています。

　踏切に列車が接近しているときは、警報機が鳴動して 8〜10 秒後に遮断棹の降下が始まり踏切道内への侵入を阻止する一方で、進出側にも遮断機が設置されている個所では、進出側の遮断棹は跨線数に応じて時間差を設けて遅れて降下します。

　民鉄では遮断機の動作状況を運転士に表示する遮断機動作標識が設けられています。この標識は会社によって外観が異なりますが、一例を図 8.13 に示します。下部の標識は遮断機が設けてある踏切において遮断桿が降下しているときに点灯します。図の上の特殊信号発光器は後述の非常ボタンが押されたときに点灯します。

　この遮断機動作標識は踏切ごとに設置するため踏切が連続して設けられている場合には図 8.14 のように並んで設けられることもあります。

　踏切を横断する車にとって思わぬ事態が発生することがあります。その一つに

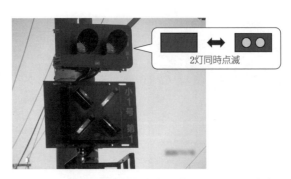

図 8.13　遮断機動作標識（下）と特殊信号発光機（上）

図 8.14　前方の踏切別に設置されている遮断機動作標識

車が踏切を渡り終える前に、前方の遮断桿が降下してしまうことです。そのほとんどが無理な踏切横断によるもので、通常は車が踏切を渡り切らないうちに遮断機が下りることのないように前述の時間差を設けてありますが、遮断桿降下後でも車が踏切を抜けられるように遮断機には折損防止器（**図 8.15**）が付けられています。この金具は遮断桿を根元から斜め上方へ折り曲げるための蝶番そのもので、遮断機が上がっているときはフック（鉤形の金具）が蝶番を開かないように止めています。しかし、遮断桿が降下（**図 8.16**）すると折損防止器の蝶番を止めているフックが自重で外れるため、遮断桿を車の進行方向へ押し上げて、踏切を抜けることが可能になります。

　また、道幅の広い踏切では遮断桿の長さが長くなりますが、電線などの障害物が上にある場合は、遮断機の開扉に伴い遮断桿が当たる可能性があります。そのような踏切では遮断桿が上昇すると**図 8.17** に示すように中間でほぼ直角に折れ曲がり、下降すると他の遮断桿同様に水平になる屈折式の遮断機が使用されています。

図8.15　遮断桿折損防止器

図8.16　遮断桿折損防止器フックが自重で外れた状態

（a）全体図

（b）屈曲部拡大図

図8.17　屈曲式遮断桿

8.4　踏切での異常を列車に伝える 踏切支障報知装置

　踏切上での自動車のエンジンストップや車輪の落輪で、車が踏切から出られなくなり、列車の運行に支障する場合に、停止信号を列車に送る装置が踏切には設置されています。

8.4.1 列車への停止信号伝達方法

(1) 特殊信号発光機

後述の非常ボタン（**図8.18**）が押されたときに、列車を緊急に停車させるために点灯する特殊信号発光機（**図8.19**）は踏切の手前50 m以内で見通しの良いところに建植されています。図のように五角形の筐体に5個の赤色レンズを配置して、連続する2灯を時計回りに点灯させて列車運転士に異常を知らせます。形は異なりますが図8.12に示す遮断機動作標識の上部2灯式のもの2灯同時に点滅を繰り返して運転士に踏切で非常ボタンが押されたことを知らせます。

図8.18　非常ボタン

（a）外観　　　　（b）点灯パターン

図8.19　特殊信号発光機

(2) 地上用信号炎管

踏切から20 m離れた上下線間に設置され、踏切防護スイッチが押されたときに点火して、炎管上部のキャップが破裂音とともに飛散して5〜10分間閃光を発しながら燃焼します。この炎管は燃焼時間が短いことや有効期限があるため、近年LED発光器（**図8.20**）を使用した縦型で両面発光の特殊信号発光機に置き換えられています。

図8.20　特殊信号発光機

235

8.4.2　踏切支障の検知方法

(1) 踏切支障報知装置

　踏切警報機の目立つところに非常ボタン（図8.18）と書かれたボックスが設置されています。このボタンを押すことにより、信号炎管または特殊信号発光機を動作させるとともに軌道回路を構成する左右のレールを短絡させる軌道短絡器（**図 8.21**）を動作させて、当該区間に列車が在線している状態にします。これにより当該区間の閉そく信号機は停止信号に変わります。

(2) 障害物検知装置

　遮断機の降下後に自動車などの列車走行を支障する障害物が、踏切道内に残っている場合は、ただちにこれを検知して特殊信号発光機もしくは地上用信号炎管を動作させる必要があります。このための検知装置として光電管式（**図 8.22**）、ループコイル式（**図 8.23**）、3次元レーザ・レーダー式（**図 8.24**）などが考案さ

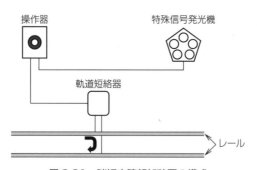

図 8.21　踏切支障報知装置の構成

図 8.22　光電管式検知装置

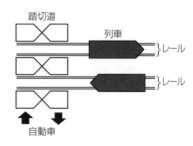

図 8.23　ループコイルの敷設位置

れて使われています。いずれの方式も
踏切に設置されていて、遮断桿が降下
してから列車の通過に支障する状態が
6秒間続くと踏切の支障として検知し
ます。

図8.24　レーザ・レーダー

　光電管式は特定周期で発光する光線
と同じ周期の光線を受光できない場合
を支障と決めているので、水銀灯や車
のヘッドライトなどが受光機に入って
も特定周期の発光を検出できなければ支障となります。

　ループコイル式は踏切道に埋め込まれたコイルで、電磁気的に支障物を検出し
ます。このコイルは図8.23に示すようにループコイルを8の字にすることで、
レールに流れる電流の影響を受けることなく、コイル上の導電体を検出するもの
で、線間の自動車などには反応しても列車には反応しないように敷設されていま
す。

　3次元レーザ・レーダーは高い位置から踏切道内をスキャンして障害物を立体
的にとらえて検出します。

（3）限界支障検知装置

　複線以上の区間にある踏切において、列車によって跳ね飛ばされた踏切上の支
障物が、対向や並走する隣接線の列車走行に支障したり、脱線した列車が隣接線
路の建築限界を支障したことを検知する装置があります。

　近年、鉄道の高架化や道路のアンダーパス化などにより、目にする機会が少な
くなりましたが、この装置は線間に設置する検知柱が35°傾斜することで検知回
路が構成されて、特殊信号発光機を動作させるとともに関係する信号機に停止信
号を現示します。

8.4.3　踏切の故障検知

　踏切の故障は、重大な事故を併発する恐れがあるため、どの鉄道事業者も細心
の注意を払って、保全に努めています。特に無警報と警報持続については、迅速
な対応がとれるよう常時監視する一方で、故障発生時には昼夜の別なく、故障現
場に係員を急行させて、故障原因の特定と復旧に努めています。踏切保安装置の

保全担当者は、このような故障を未然に防ぐため、日常の点検と定期的検査を通じて、設備の健全な稼働状態を維持しています。

(1) 無警報・無遮断

　列車が接近しているにもかかわらず警報機が鳴動しないことを無警報といいます。同様に遮断機が降下しないことを無遮断といいます。踏切の手前で、車は一旦停止して、前方と左右の安全を確認してから横断しますが、踏切保安装置に何らかの不具合が生じて、これらの動きがなかった場合は列車との衝突などの人命にかかわる重大な事故が発生する恐れがあります。

　このため、これらの踏切保安装置が正常に動作していることを常時監視する踏切警報監視器や踏切集中監視装置のほかに走行中の列車運転士に遮断機の動作を示す遮断機動作標識が設置されています。集中監視装置は列車の運行を司る指令室に設置され、すべての踏切の情報が表示されています。この装置は異常を検知すると指令員に対してアラームを発します。状況を把握した指令から当該踏切通過列車の運転士への徐行運転の指示と共に踏切の保全担当部署への緊急出動を指示します。

(2) 警報持続

　列車の接近もない踏切において警報機が鳴動し続けることを警報持続といいます。遮断機については降下のままとなります。交通渋滞の原因となることはもとより、警報機の信頼性を著しく損ねることになるので、無警報同様に保全担当部署への出動指示が出されます。障害が復旧するまでの間は誘導者が付きますが、交通渋滞や通行の妨げなど、居合わせた方々への迷惑は計り知れないものがあります。このため無警報と同様に設備の健全性の監視と定期的な保全が欠かさず行われています。

(3) 直流低電圧検知

　常に動作を維持させなくてはならない踏切設備は停電時にバッテリーで動作させています。このためバッテリーの健全性を維持することは重要で、定期的な点検や整備とともに、バッテリーの電圧監視と充電側の交流電源の健全性を常時監視することで、異常の兆候を早期に捉えて無警報や無遮断などの重大な障害を未然に防止することの一助としています。

(4) 踏切支障報知装置動作検知

　信号炎管を使用している踏切において非常ボタンが押されて信号炎管が発火す

ると、発火用白金線が発火薬により断線します。これを検知することで踏切支障報知装置の動作を検出しています。LED 化された特殊信号発光機では故障検知回路が内蔵されており動作の有無が監視されています。

8.5 ATACSで実現した新しい踏切制御

近年、無線を使った列車制御の試みが、IEC や IEEE などの国際標準のもとに広がりつつあります。日本では仙石線に続いて埼京線にも導入された ATACS がデジタル無線による地上と車上の双方向通信による列車制御を実用化していますが、踏切の制御機能も備えています。これまでに述べた踏切制御は、線路上の定点で列車の接近を検出しているために、踏切警報機の鳴動時分は通過列車の速度によって異なりましたが、ATACS の踏切制御では、走行中の列車上で踏切までの到達時分を演算することで、列車の速度にかかわらず適正な警報時間とすることが可能になります。

8.5.1 制御の概要

列車が踏切に接近すると、車上にて踏切手前に停車する速度照査パターンを発生させると同時に踏切までの到達時間を算出します。その時間が踏切警報に必要な時間になると、**図 8.25** に示す通り①車上装置から地上の拠点装置に当該踏切

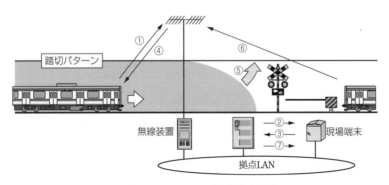

図 8.25　ATACS の踏切制御概要図

への警報要求を送信し続けることで、②警報を受けた拠点装置は踏切の警報制御を行います。③拠点装置は踏切の遮断完了条件を取り込み、④遮断完了および障害物なし情報を車上装置へ送信します。⑤遮断完了および障害物なし情報を受信し、既定の警報時間が確保できる場合のみ、車上装置は踏切パターンを消去し、踏切に進入します。その後、⑥列車の最後尾が踏切を抜けると列車は警報要求の送信を止めます。⑦拠点装置は列車からの警報要求が停止したことで、警報音を止めて遮断機を上げます。

8.5.2 制御の効果

(1) 安全性の向上

列車の進路にある踏切に対して、当該踏切の手間に停車する踏切パターンを発生させますが、このパターンは地上装置から遮断完了条件および障害物なしを受信すると同時に踏切警報時分が基準を満足していることで消去されます。この条件を満たさない場合は踏切パターンの消去は行われず、当該列車は踏切手前に停車するので安全が確保されます。

(2) 警報時間の短縮

踏切警報は通過列車の最高速度を以て鳴動開始と遮断機の降下時間が基準を満すように設定されていますが、急行や快速、各駅停車などの列車種別の違いにより駅付近の踏切では、警報時間にばらつきが生じます。この方式は踏切通過列車の異なる走行速度においても、同じ警報時間が確保されているため、列車種別の影響を受けやすい駅付近の踏切には警報時間の短縮が期待されます。

【参考文献】
1） 吉村寛・吉越三郎：信号、pp.457-504、交友社（1975）
2） 運転設備研究会：運転設備、pp.331-332、社団法人日本鉄道運転協会（1973）
3） 一般社団法人日本鉄道電気技術協会：踏切保安装置（鉄道電気概論 信号シリーズ）（改訂版）、日本鉄道電気技術協会（2018）
4） 東邦電気工業株式会社：製品情報
5） 山崎勇・内山大輔：JREA、Vol.58、No.8、日本鉄道技術協会（2015）

第9章

教育・訓練
～安全技術の習得と実践力涵養～

教育訓練は、システムの信頼性を高め、利用者・従業員の安全を確保すると同時に、安定運行や魅力的なサービスの提供を可能とします。実際に鉄道事業者で行っている安全教育や訓練は、列車運行の安全確保のみならず、従業員の安全の確保（労働安全）など、実に多様な目的の取組みとなっています。特に、訓練に用いるシナリオは、列車衝突や列車火災といった事故だけではなく、災害や部外要因をどこまで想定するか、どう組み合わせるかが課題です。

そこで、本章では、さまざまな鉄道事業者で実施されている多様な教育と訓練について、特に、近年の取組み事例を紹介します。

9.1 教育目的の多様性と訓練シナリオの工夫

　訓練に用いるシナリオや実施方法の企画検討の際は、教育の目的に合わせ、災害や部外要因をどこまで想定するか、どう組み合わせるかが課題です。実際には、列車運行の安全確保以外にも、従業員の安全の確保（労働安全）など、実に目的は多様です（**図9.1**）。そこで、以下には、さまざまな教育目的に対応した訓練シナリオや実施の方法の工夫について取組み事例を紹介します。

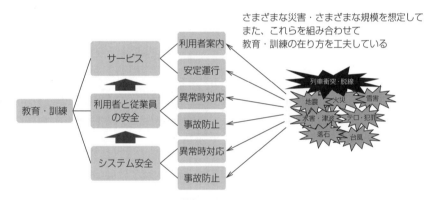

図9.1　教育・訓練のいろいろな目的

9.1.1 多様なシナリオ

　作業の質を高めるための技能講習は、たいてい、技術分野ごとに行います。例えば、**図9.2**は、車両故障時の推進運転の訓練の様子です。車両を使用し、本線や車庫線で、車両故障を想定した故障排除と起動不能時の処置、その他の異常時の対応について、乗務員や駅助役を対象に訓練を行っています。

　ときには、訓練と同時に、使用する設備や扱う備品の点検を兼ねている場合もあります。例えば、首都直下地震のような大きな災害が発生した場合、消防などもすぐに対応できない状況で、従業員自らが目の前の負傷者の救助・救命を行わなければならないことが想定されます。そのような場面でも冷静に対応ができるような実践的な救助・救命訓練（**図9.3**）を継続して実施し、倒壊した建物など

から限られた従業員で負傷者の救助・救命作業を行うことができるよう、バールやジャッキなどの救助品（**図 9.4**）の駅への配備を進めています。

また、**図 9.5** は、消防と合同での危険品漏洩の訓練の様子です。危険品輸送の安全確保に関して、現業機関では、万一の危険品などの漏えい事故に備えて、対処マニュアルや連絡体制の整備を行っているほか、消防などの関係機関と連携した定期的な訓練を実施しています。

異常時訓練については、どのような事故、どのような災害、どのような条件を訓練シナリオとして想定すべきかが課題です。異常時のシナリオには、列車衝突、脱線事故のほか、水害（津波）、火災、震災、風害、雪害、落石、塩害、火山噴火（降灰）などの災害のほか、新型インフルエンザなどのウイルスの感染、テロや暴力、窃盗、痴漢などの犯罪行為への対応など、さまざまなケースが想定されます。

図 9.2　異常処置訓練（推進運転）[1]

図 9.3　救助・救命訓練[2]

図 9.4　負傷者を救出するための救助品の配備[2]

図 9.5　消防と合同での危険品漏えいの訓練[3]

第9章　教育・訓練　〜安全技術の習得と実践力涵養〜

例えば、津波災害に対しては、職場ごとに津波の危険な区域および運転規制の方法を定め、マニュアルの作成（**図9.6**）、勉強会の実施、降車誘導訓練などを行っています。こうした取組みが、東日本大震災における津波発生時において迅速な避難誘導につながりました。また、津波が発生した際に、乗務員が最適な場所へ旅客を避難誘導するための訓練ツールとして VR（Virtual Reality：仮想現実）技術を活用しているところもあります（**図9.7**）。この VR 映像では、現地の映像に想定される津波浸水深や到達時間が併せて表示され、現地に行かなくても、その場所に応じた臨場感のある避難訓練のシミュレーションを実施することで、瞬時の判断力の向上に努めています。

図9.6　津波対応マニュアル[2]

図9.7　VR を活用した津波訓練[4]

一方、車両からの乗客の降車・救出の訓練（**図9.8**、**図9.9**、**図9.10**、**図9.11**、**図9.12**）は、関係者間の連携強化・初期対応能力の向上・乗客の避難誘導などを目的としてさまざまなシナリオで行っています。例えば、図9.8 は、トンネル内で列車火災の発生を想定した訓練の様子です。また、津波の危険な区域では、津波到達までの時間的余裕がない場合も想定されるので、特に速やかな避難が必要となります。従業員や乗客、地域の方の協力を得ながらの避難誘導が必要となるため、地域の方にも参加いただきながら降車誘導訓練を行っています（図9.10）。

このような車両からの乗客の降車・救出訓練は、警察・消防などの関係機関との連携強化も目的の一つです。

図 9.8　トンネル火災の訓練の様子[5]

図 9.9　ロープウェイの救助訓練[6]

　従来から、震災などの自然災害、脱線事故や衝突事故といった大規模な事故への対応や踏切障害事故などの分野をまたがって対応が必要な場面について、関係する技術分野を一同に会した連絡体制や対応手順の確認を行う「総合訓練」と称した訓練を実施しています。「総合訓練」では、救出作業などの実践的な訓練を行うほか、軌道内で活動する際の注意点や鉄道車両の構造などについても確認しています（**図 9.13**）。

図 9.10　降車誘導訓練[2]

図 9.11　警察・消防機関との合同の救助訓練[7]

図 9.12　降車誘導訓練[8]

図 9.13　警察との合同訓練[3]

図 9.14　消防隊員が負傷者を救出している様子[9]

図 9.15　テロを想定した訓練の様子[4]

　また、鉄道施設内でテロが発生した際を想定した訓練（**図 9.14**、**図 9.15**、**図 9.16 および図 9.17**）では、不審者から乗客と乗務員の安全を確保するため、警察・消防・医療関係者・乗務員・駅係員の連携と対応力の向上が目的です。時には、地域の警察署、警察機動隊 NBC（核・生物・化学兵器）テロ対応専門部隊、地域の消防署、臨港消防署、自治体、DMAT（災害医療派遣チーム）と合同で実

施します。例えば、図9.16は走行中の列車内で刃物を使った粗暴行為が発生した想定で、警察による犯人確保と乗務員・駅係員による負傷者救護を実施した訓練の様子です。また、図9.14は、走行中の列車内でのテロを想定した訓練で、消防隊員が車内の負傷者を救護している様子です。粗暴行為に対しては乗務員・駅係員・警察の連携・対応力の向上を目的とした訓練を行っていますが、さらには、乗務員・駅係員による乗客避難誘導、警察による犯人確保、警察特殊部隊と消防による不審物撤去、消防・医療関係者による負傷者救護と応急措置までと、さまざまなシナリオの訓練を行っています。2019年度は、「国際的なスポーツイベントの開催期間中に駅出発直後の列車内にて不審物が爆発した」といったシナリオの訓練を行ったところもあります。

さらに、近年は激甚化する災害が問題になっていますが、計画運休への理解など、これを取り巻く社会情勢も変化しています。そのため、災害被害を拡大することなく早期にシステムを回復するための実践的な模擬訓練を行い、異常時の取扱いの再確認を行っています。このとき、過去の支障時間よりいかに短縮できる

第9章　教育・訓練　〜安全技術の習得と実践力涵養〜

図9.16　列車内粗暴対応訓練[9]

図9.17　警察と消防と連携したテロ対応訓練[10]

図9.18　BCP発動訓練の様子[11]

図9.19　対策本部訓練[2]

かを目標にした競技会を実施することもあります。また、大規模地震や鉄道事故などにより、長期間にわたり鉄道を運休せざるを得ない状況になったことを想定し、事態発生時の事業継続および早期復旧を図ることを目的に、全社的なBCP（事業継続計画）発動訓練を実施しているところもあります（図9.18）。地震発生を想定した総合防災訓練では、救助・救命訓練や避難誘導訓練などと合わせて対策本部の運営訓練も実施されています（図9.19）。各箇所から情報を一元的に管理できる設備を整え、電子ホワイトボードの内容をＴＶ会議などでリアルタイムに共有化するなど、実践的な訓練も行っています。

9.1.2 利用者や関係機関と合同の訓練

前述の車両からの降車・救出場面以外でも、利用者や地域の関係箇所の協力を得るケースも増えています。訓練に参加する関連機関も救助・救出を担う警察、消防、医療機関などだけではなく、鉄道以外の交通機関（バス、タクシーなど）や相互直通運転をしている複数の鉄道会社が合同で行う異常時訓練です。

例えば、**図9.20**は、代替バス輸送訓練の様子です。大規模地震や鉄道事故などにより、長期間にわたり鉄道を運休せざるを得ない状況になったことを想定し、バス会社と合同で実施しています。この訓練では、予め設定した代替のバスルートを実際に走行し、マニュアルで定めた実施手順の確認と課題の検証を兼ねています。さらに、事故や災害などで列車の運行が見合わせとなったとき、代替の鉄道の手段がないエリアで代行バスの手配がスムーズになるように、予め代行バスの運行ルートマップ（**図9.21**）を作成しているところもあります。ルートマップの例では、5パターン作成して運行の見合わせ区間に応じて選択し、バス会社へ

図9.20　代替バス輸送訓練[7]

図9.21　代行バス運行ルートマップ[12]

図9.22 内閣府や各自治体が実施している
帰宅困難者訓練への参加[11]

図9.23 自衛消防審査会への出場[11]

提示することで円滑にバス運行が開始で
きるようにしています。

　また、内閣府や各自治体が実施してい
る自助・共助・公助の一環として、自治
体ごとの帰宅困難者訓練などへの参加・
協力を行っているところもあります（**図
9.22**）。日頃から事業所ごとに消防機関
と連携を図るために、事業所単位で、消
防署主催の「自衛消防審査会」に出場し

図9.24 地下鉄事業者の合同訓練[13]

たりしています（**図9.23**）。**図9.24**は、地下鉄事業者が合同で実施した訓練の様
子です。毎年、現地対策本部の設置・運営、旅客の避難誘導、応急救護などの訓
練を実施しています。

9.2 地域貢献も兼ねた安全啓発

　利用者や地域住民を巻きこみ、社会活動として鉄道の安全についての理解を深
めていただく取組みも多くの事業者が行っています。ご高齢の方々の福祉施設や
沿線の小学校、幼稚園などを訪問して、踏切のしくみや正しい渡り方、ホームで
電車を待っているときの注意点、車内でのマナーなどに関する安全啓発活動で
す。その中で地域に対する安全啓発の取組み事例を紹介します。

　図 **9.25** は、鉄道係員向けの教育施設を小学生に開放して実施した「鉄道学校」の様子です。車掌体験や転てつ器手回し体験などを通じて、楽しみながら安全の取組みを理解してもらうことが目的です。踏切や電車に乗るときのルールやマナーを伝えるために、クイズなどを活用することもあります。また、鉄道係員が沿線の小学校を訪問して、子供たちに対する安全啓発活動も実施しています。踏切が動作するしくみや踏切の正しい渡り方、ホームで電車を待っているときの注意点、車内での乗車マナーなどの講習会を定期的に行っています。事故防止だけでなく、子どもによる置石や非常停止ボタンのいたずらなどを減らすために、交通安全運動期間などを中心に、鉄道係員が沿線の小学校に出向くこともあります。こうした体験を通して、子どものうちから安全意識を育むとともに、鉄道に親しみを感じてもらうことがねらいです。この種の取組みは、地域とのコミュニケーションにも役立っており、名称は異なりますが、同様の取組みをさまざまな事業者が行っています（**図 9.26**、**図 9.27**、**図 9.28**）。

図 9.25　鉄道学校[14]

図 9.26　沿線小学校での電車安全出前教室[12]

図9.27　沿線小学校における安全啓発活動[15]

図 9.28 安全・安心出前教室[14]

　また、踏切の直前横断、無謀通行、運転操作の誤りなどに起因する事故防止キャンペーンでは、自動車ドライバーや歩行者に対してポスターの掲出、車内放送や駅ホームでの放送、安全確認の協力を呼びかけるなど、いろいろな取組みを実施しています（**図 9.29**、**図 9.30**）。交通安全運動期間では、地域の警察署、自治体、バス・タクシー会社などと連携して行っています。また、踏切の中に車が立ち往生しているなどの危険な状況では利用者や地域の皆様に非常ボタンを押していただけるよう、協力を呼びかけています。具体的には駅でのポスターの掲出やテレビ CM などがありますが、運転免許センターなどで模擬装置を体験していただく（**図 9.31**）こともあります。踏切設置箇所での安全啓発のほか、ご高齢の方々の福祉施設や学校、幼稚園などに伺い、踏切横断時のマナーやルールなどの安全教育（**図 9.32**）も行っています。

　さらに、駅のホームでの安全対策として、ホームドアなどのハード対策と合わせて、利用者への啓発などのソフト対策も行っています。ホーム上での列車の接

図 9.29 踏切事故防止キャンペーンの様子[15]

図 9.30　踏切事故防止のための啓発活動[7]

図 9.31　踏切用非常ボタンの模擬装置体験[2]

図 9.32　踏切安全教室[4]

触や線路への転落について注意喚起を行ったり、危険と感じた時は非常ボタンを押していただけるよう、「プラットホーム事故０運動」（**図9.33**）を行ったりしています。この運動は、鉄道28社での合同の取組みです（2020年度）。また、鉄道設備の一般公開や関連施設などに来場された利用者に、非常停止ボタンの操作体験会も行っています（**図9.34**）。駅社員が作成した非常停止ボタンの模型を実際に操作していただき、操作の方法やどのような場合に操作したらよいかなどを、駅社員と実際に体験しながら理解していただく取組みです。

図9.33　プラットホーム事故０運動[2]

図9.34　非常停止ボタン操作体験会[13]

9.3 教育効果を高める技術

　教育や訓練で学んだことを業務の場面で活かすためには、知識を覚えるだけではなく、内在化（自分事化）させることが必要です。そのためには、近年、講師が教育内容を一方的に講義するのではなく、受講者自身が参加や体験を通して学ぶ「アクティブラーニング（能動的学習）」が教育現場で注目されています。講義で講師の説明を一方的に受けるというスタイルよりも、受講者を体験課題に参加させ、主体的に考えることを促し、対話により理解を確認しながら指導をする方が、受講者の理解が深まります。また、学んだ知識を受け入れやすくするための、わかりやすい教材の作成についても、さまざまな工夫をしています。そこで、体感教育や教材の工夫を以下に紹介します。

9.3.1　体感訓練

アクティブラーニング手法は、シミュレータ訓練や職場内OJTとして、鉄道事業者では、従来からさまざまな工夫を行ってきました。

例えば、**図9.35**と**図9.36**は乗務員用のシミュレータ、**図9.37**は列車見張員用のシミュレータの例です。図9.35の車掌用のシミュレータでは、大型ディスプレイに映るホーム上旅客の動きを見ながら、車両カットモデルに搭載した戸閉スイッチを操作する訓練を行うことができます。駆け込み乗車や黄線上をふらつく旅客なども再現し、扉操作を安全確実に行えるように訓練を行っています。このような訓練設備は、訓練センターに設置されていることが多いのですが、線区ご

図9.35　車掌用シミュレータ[17]

図9.36　構内運転用シミュレータを活用した研修風景[2]

図9.37　列車見張員のシミュレータを用いた訓練の様子[18]

図 9.38　高所歩行訓練（車両)[9]

との特徴を含めた独自の訓練を各職場で行えるよう整備を進めているところもあります。本線運転だけではなく、保安装置の少ない構内運転の訓練のためのシミュレータ（図 9.36）も導入を進めています。

　乗務員用以外でも、感電、墜落、触車といった鉄道における三大労災を中心に、ルールを遵守し基本動作を確実に実行すること、および業務上の危険に対する感度を向上させることはとても重要です。

　例えば、**図 9.37** は、触車事故防止のため、線路内作業の安全確保に重要な役割をもつ列車見張員が、実際の作業現場をイメージして訓練を行うシミュレータです。また、触車以外でも、高所歩行、墜落抑制用具（安全帯）の装着や、高所からの工具落下や感電などの体験をすることを通じて、作業上発生しうる危険なポイントを伝える訓練を行っています。例えば、**図 9.38** は高所歩行訓練の様子、**図 9.39** は、正しい安全帯の使い方を体感し学ぶ訓練の様子です。特に、経験の浅い社員の事故防止のための意識向上を図っています。

　以上のような体感教育は、体験のリアリティが求められる一方で、訓練で怪我をするということがあっては本末転倒です。そ

図 9.39　正しい安全帯の使い方を体感し学ぶ訓練[18]

こで、近年のデジタル技術の発展により、VR（Virtual Reality：仮想現実）技術やAR（Augmented Reality：拡張現実）技術を用いた訓練装置の工夫を行っています。ただし、その方法は目的に合わせてさまざまです。例えば、**図9.40**は、スマートフォンによるVR技術を活用した安全教材の例で、視覚的に仮想現実の世界を体感できるものです。この方法は、VRゴーグルからスマートフォンの3D映像を視聴するため、操作や準備する機材も特別なものではなく容易に実施しやすい方法です。そのため、各現業機関に配備・活用しやすく、広く実践的な教育が実施されています。一方、ヘッドマウントディスプレイを装着し、コントローラーを操作することによって、身体の動作と視覚映像を連動させる体感もできるようになりました。**図9.41**は、線路や架線などのメンテナンスを担う保全社員の訓練の様子です。線路内での事故を体感することにより、安全意識を高め、触車事故の防止に繋げることを期待しています。また、より具体的に線路内作業のルール遵守を促すために、事故の怖さを体感させるのではなく、ルールを守らないことが事故につながること（事故の発生プロセス）を体感させるVR（仮想現実）訓練手法[16]もあります。シミュレータなどの大型設備や専用施設を使わずに、現場の会議室で現場管理者などが講師を担当でき、その教育効果が実証されています。

このような体感教育を通じて、受講者は机上教育で学んだルールや基本動作がどうしてできたのか、ルールや基本動作を守らないとどうなるのか、という本質

第9章 教育・訓練 〜安全技術の習得と実践力涵養〜

図9.40　スマートフォンによるVR技術を活用した安全教材[4]

図9.41　VRによる線路内での事故を体感[3]

を理解、体得することができるため、日々の業務においても実践することが期待できます。

9.3.2 考える力を養う

　安全とは危険がないことであり、「何が危険なのか」がわかっている場合は、「どうしたらよいか」の対応の手順を予めルール化できます。そして、ルールの確実な実行のためには、ルールの必要性を理解させることが肝要です。安全に関したルールの場合は、ルールが必要となった経緯や根拠は、過去の事故や先人の気づきを教訓としたものが多いものです。ですから、ルール遵守を促すための指導では、過去の事故や教訓を活かすための教材の工夫（後述 9.3.3 項を参照）を行っています。一方、「何が危険なのか」、「どうしたらよいのか」は、必ずしもすべてを事前に確定できるわけではありません。設備や装置が故障したときこそ、従業員の対応能力が求められます。このため、どんなに高度な設備や装置が開発されても、異常に気づき、状況を理解し、対応を考え・判断し、動く、といった異常時対応能力を養うための教育が必要不可欠です。そこで、異常時に必要な対応能力のうち、「対応を考え・判断する力」については、事故やトラブルの事例を題材に、個人学習ではなく、グループワークなどでの「議論」や考えを整理するための「発表」を通じて、幅広い視点を獲得する教育プログラムを実施しています（**図 9.42**、**図 9.43**）。さらには、異常時対応能力を獲得し、いざというときに発揮するためには、異常に気づき、状況を理解し、対応を考え・判断し、動くといった個々の能力だけではなく、危険の回避や早期回復のために取り組むモチベーション（安全意識）も重要です。そのため、安全意識向上のための施策として、安全教育にグループワークやディスカッションの場を設けています。

図 9.42　Think-and-Act Training[4]

図 9.43　要因分析講習会[24]

　例えば、大規模災害など、マニュアルやチェックリストだけでは対応できない緊急事態に直面し、刻々と状況が変化する中で、利用者や他の社員と協力し、情報収集や状況把握を行い、そこに応じた最適な行動をとる能力を向上させる訓練を行っています（**図 9.42**）。

　また、事例を用いて、その背景となる要因を考える場を設けることも、安全に関する関心を高め、考える力を養うために、多くの事業者で実施しています[19)-21)]。**図 9.43** は、要因分析講習会の様子ですが、この講習会の開始当初は、発生した事故・エラーの分析に特化していました。しかし、現在は、サービスを提供する職務（駅係員、乗務員など）が、利用者にとって「良い仕事」となる要因を抽出する課題へ拡張して、要因講習会を行っています。事故やエラーの分析手法を学ぶというと、事後にのみ役に立つと思われがちですが、他部門参加者のさまざまなものの見方、考え方に触れる機会となり、「気づき」能力の向上に有効であるため、事故やエラーの未然防止あるいは、トラブルに直面した際に上手に適応するレジリエンスな対応能力の向上に資する取り組みです。

　このようなレジリエンス能力を育成するための、ディスカッションや発表といったアクティブラーニングによる教育を実施するためには、実施する講師に教える（知識を伝える）以上の能力が必要です。例えば、受講者に考えることを促すコーチング[22)]や、ディスカッションを促すファシリテート[23)]の技術です。また、現場の要となる助役や、教育を行う立場の者に対して、安全に特化した研修を集中的に実施し、安全に関する意識を向上させ職場の安全をリードする人材の養成も行われています（**図 9.44**）。安全をリードする人材の育成研修では、グループ発表により人前で話す力や、現場における事故・事象や労働災害防止に自

図 9.44　安全ブレイン研修での
　　　　　グループ発表の様子[3)]

図 9.45　安全に向けた決意表明をカード
　　　　　にして掲出[17)]

ら主体的に取り組む意識の向上を図っています。

　また、研修施設で学んだ後に感じたことをもとに、今後の安全確保に向けた決意表明を「安全に向けた私の誓い」として、施設内に掲出しています（**図 9.45**）。

9.3.3 　過去の教訓を活かすわかりやすい教材

　ルール設定の経緯や根拠は、過去の事故や先人の気づきを教訓としています。そこで、これらの情報をわかりやすく伝えるべく教材を工夫して作成しています。

　例えば、**図 9.46** は、ルールの背景・根拠を伝えるツールです。環境変化などにより守りにくくなっているルールはないか、アンケートを通じて見直しを図るとともに、安全確保の観点から見直しが難しいルールについても、その背景や根拠をわかりやすく伝えるツールを作成し、一人ひとりが主体的にルールを遵守することを目的とした取組みです。

　一方、事故の概要や教訓を訓練センターや研修所（教習所）の一室での展示は、多くの事業者が行っています。たいていの場合、自社や他社で発生した事故に関して、事故に至った要因や概況、事故後の対策および事故発生時の写真などの情報を展示していますが、そこにもさまざまな工夫が見られます。例えば、近年は、データベース化しデジタルサイネージを使い教育を行っているところも増えてきました。**図 9.47** の「事故から学ぶ展示室」は、過去の重大事故を風化させることなく、鉄道事故の怖さを知り、二度と同じ過ちを繰り返すことのないよう、尊い犠牲のうえに得られた貴重な教訓を後世に引き継ぐことを目的に設置されたものです。展示室のリニューアルの際、内容拡充を図り、デジタルサイネージを導入するなど、視覚的に訴え、わかりやすくし、社内研修などで活用しています。

　また、事故時の場所や事故車両の保存を行っている場合もあります。事故の発

図 9.46　ルールの背景・根拠を伝えるツール[4)]

生状況を空間として伝える取組みです。

　例えば、「事故の歴史展示館」（**図 9.48**）は、社員が過去の事故を忘れることなく、より深く過去の事故の教訓を学ぶことを目指した設備です。デジタルサイネージなどを活用し、事故の概要や対策を理解するだけではなく、実物の車両などを活用し、事故の恐ろしさを胸に刻み、社員一人ひとりの安全の取組みにつなげていく工夫をしています。**図 9.49** の「祈りの杜」は、福知山線列車事故で亡くなられた方々の慰霊・鎮魂の場として、また、将来にわたり事故の痕跡を保存し、事故を決して風化させることなく、いのちの大切さを社会や後世に伝え続ける場として、そして事故を反省し、安全を誓い続けていく場として整備しています。実物大ではありませんが、過去に発生した重大事故を題材として模型を製作することもあります（**図 9.50**）。安全意識を向上させるための各種教育に活用してい

図 9.47　デジタルサイネージの活用事故から学ぶ展示室[11]

図 9.48　事故の歴史展示館[2]

図 9.49　祈りの杜　（福知山線列車事故現場）[4]

図 9.50　駅構内列車衝突事故のジオラマ[5]

ます。

　一方、事故の教訓を訓練センターや研修所（教習所）の一室に集めるのではな
く、パネルやポスターなどにして、ふだんから目に入るところに設置する取組み
（**図 9.51**）も、事故を風化させない取組みです。**図 9.52** は、社内の安全の取組み
をわかりやすく紹介したポスターの一例です。日頃から自社の安全に対して関心
をもち、社員の安全意識の向上を目指すため、毎月月末に「安全推進かわら版」
を安全の部門で制作・発行しています。主に直前 1 か月の間の安全に関する訓
練・教育や発生した事故や災害などを取り上げ、得られた教訓・課題などを「自
分ごと」として理解することを期待して実施しています。

　過去の事故は、いかに風化させず、他人事とさせないようにして、当時のリス
クの現実感を伝えられるかが、教訓として活かす際の課題です。そのため、ベテ
ラン社員や OB が、自身がかつて経験したトラブルや失敗経験を、若手・後輩社

図 9.51　社内でのパネルの展示[5]

図 9.52　安全推進かわら版[12]

図 9.53　OB 社員による失敗経験の発表の様子[17]

図 9.54　経営トップや社員の安全への想いをビデオで視聴[17]

員へ直接語りかけることにより、基本動作の大切さや安全への心構えなどを伝えています（**図 9.53**）。また、安全性のさらなる向上に向けて、社員一丸となって継続的改善に取り組んでいくよう、経営トップが自らの言葉で社員に語りかけています（**図 9.54**）。あわせて、最前線で働く社員が自身の安全への想いを語る様子を視聴することで、社員の安全意識の高揚に努めています。

　さらに、安全への想いを集める取組みとして、川柳形式で募集し、優秀作品を

ポスター化して、社内に掲出しているところもあります（**図9.55**）。募集は鉄道部門以外の社員からも広く募り、事業者全体で一丸となった安全意識の高揚に努めています。

　事故の教訓をイラストや漫画化により、わかりやすく伝える工夫もしています（**図9.56**）。過去に発生した事故や災害などを容易に理解できるよう、イラスト形式の冊子やそれに動きや音声、効果音を付加したデジタルコンテンツ（**図9.57**）も作成しています。

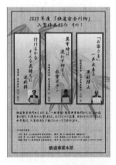

**図9.55　安全川柳の優秀作品を
　　　　　ポスター化して社内に掲出**[17)]

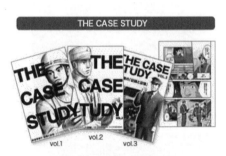

図9.56　漫画による伝承[5)]

図9.57　過去事例をイラスト形式でわかりやすく紹介した教材[18)]

【参考文献】

1) 阪神電気鉄道株式会社：安全報告書 2020（2020）
2) 東日本旅客鉄道株式会社：JR 東日本グループレポート 2020（2020）
3) 日本貨物鉄道株式会社：安全報告書 2020（2020）
4) 西日本旅客鉄道株式会社：鉄道安全報告書 2020（2020）
5) 相模鉄道株式会社：安全報告書 2020（2020）
6) 近畿日本鉄道株式会社：安全報告書 2020（2020）
7) 小田急電鉄株式会社：安全報告書 2020（2020）
8) 京浜急行電鉄株式会社：安全報告書 2020（2020）
9) 東急電鉄株式会社：安全報告書 2020（2020）
10) 東武鉄道株式会社：2020 安全報告書（2020）
11) 西武鉄道株式会社：安全・環境報告書 2020（2020）
12) 京成電鉄株式会社：安全報告書 2020（2020）
13) 東京地下鉄株式会社：安全報告書 2020（2020）
14) 南海電気鉄道株式会社：コーポレートレポート 2020（2020）
15) 阪急電鉄株式会社：安全報告書 2020（2020）
16) 村越暁子・宮地由芽子：触車事故防止ルールの遵守徹底に向けた安全教育法、JREA、Vol.63、No.1、pp.16-19、日本鉄道技術協会（2020）
17) 京王電鉄株式会社：安全・社会・環境報告書 2020 CSR レポート（2020）
18) 東海旅客鉄道株式会社：安全報告書 2020（2020）
19) 宮地由芽子：鉄道総研式ヒューマンファクタ事故分析法、JREA、Vol.49、No.6、pp.21-23、日本鉄道技術協会（2006）
20) 宮地由芽子・中村竜：事故分析スキルの要請における現状と課題、JREA、Vol.56、No.3、pp.7-10、日本鉄道技術協会（2013）
21) 宮地由芽子・鏑木俊暁・畠山直：ヒューマンファクタ―分析における因果推論（なぜなぜ分析）の実施支援、JREA、Vol.60、No.11、pp.14-17、日本鉄道技術協会（2017）
22) 井上貴文：コーチングによる安全指導、JREA、Vol.57、No.3、pp.7-10、日本鉄道技術協会（2014）
23) 重森雅嘉：グループ討議によるリスクの共有、JREA、Vol.51、No.6、pp.10-12、日本鉄道技術協会（2008）
24) 京阪電気鉄道株式会社：安全報告書 2020（2020）

第9章 教育・訓練 〜安全技術の習得と実践力涵養〜

付録

法・規程、主な鉄道事故

付.A 法・規程 〜鉄道事業・活動のみなもと〜

本節では「法・規程」として、鉄道の法体系を説明し、その中で、安全にかかわる基準類の特徴について解説します。鉄道と軌道事業について定めた法律、施行令や施行規則を総称して、一般に「鉄道法規」といいます。代表的な法規として、「鉄道事業法」「鉄道営業法」「軌道法」の三つがあげられます。この中で、安全などにかかわる技術基準は、「鉄道営業法」に鉄道の構造や運転取扱いの技術基準として定められていますが、関連する規則として2002年3月に「鉄道に関する技術上の基準を定める省令」が制定されています。従来の「普通鉄道構造規則」が構造を規定する規則であったのに対し、「鉄道に関する技術上の基準を定める省令」は、構造ではなく性能を規定するものに代わり、技術進歩を柔軟に組み入れることを可能としていますが、その体系についても本節で説明します。

A.1 鉄道事業法の経緯

国鉄時代には、「日本国有鉄道法」のほかに「地方鉄道法」があり、民営鉄道は主に地方鉄道法に定められた条文によって運営されていました。しかし、国鉄の分割・民営化に伴いJR7社が発足したことで、日本国有鉄道法と地方鉄道法、索道規則はそれぞれ廃止され、1986年（昭和61年）12月4日に公布された「鉄道事業法」に一本化されました。一方、軌道事業は、「軌道法」に定められた条文に従います。

鉄道事業法に規定される「鉄道事業」とは、2本レールの構造をもつ普通の鉄道、モノレール、案内軌条式鉄道、トロリーバス、ケーブルカー、リニアモーターカーなどを経営する事業であり、「索道事業」とはロープウェーやスキーリフトを経営する事業となっています。また、工場への引込み線などのように自分専用の鉄道で、鉄道事業用線路に接続しているものを専用鉄道といいます。いわゆる路面電車は、鉄道事業法ではなく軌道法の管轄です。原則的に道路に敷設してはならないのが鉄道（鉄道事業法第61条）で、道路に敷設しなければならないのが軌道（軌道法第2条）です。

A.2 鉄道営業法と技術基準

また、「鉄道営業法」には、鉄道の構造や運転取扱いの技術基準のほか、鉄道係員、旅客、公衆に対する禁止行為などが定められています。

技術基準については、2002年3月に、従来の「普通鉄道構造規則」「新幹線鉄道構造規則」「特殊鉄道構造規則」「鉄道運転規則」「新幹線鉄道運転規則」が統合され、「鉄道に関する技術上の基準を定める省令」に一本化されました。その背景には、運輸技術審議会の答申があります。

(1) 技術基準改正の経緯

1998年（平成10年）11月、運輸技術審議会から答申された「今後の鉄道技術行政のあり方について」において、鉄道の技術基準については「原則として、備えるべき性能を規定した、いわゆる性能規定とする必要がある。なお、その規定は、体系的に、かつできる限り具体的な性能要件を示したものとする事が適当である」とされました。

図 A.1　保全と法律・規定

それまで鉄道で用いる製品や装置については、その構造に対する規程によって、性能が保障されていました。しかし、規則で構造を規定すると、技術進歩の結果より優れたものが登場しても、構造が異なるということで導入が容易ではありませんでした。それが、本来具備すべき性能を規程するという本質的変更の結果、技術進歩に柔軟に対応できるという積極面は保障されました。もちろん、その性能をいかに達成しているかを立証するには、一定の技術力が必要になるという問題もありました。この性能規定化について、国土交通省のホームページ「鉄道の技術基準の整備」では、その経緯を次のように記しています。

技術基準の性能規定化

1. 技術基準改正の経緯（※省略。前述の（1）参照）

2. 性能規定化の体系

（1） 鉄道事業者の技術的自由度を高め、また新技術の導入や線区の個別事情への柔軟な
　　　対応を可能にするなどのため、省令（一部告示を含む、以下「省令など」）で定める技
　　　術基準は、できる限り体系的で具体的な性能要件を示した「性能規定」に移行する。

（2） 鉄道事業者の技術的判断の参考、国土交通省の許認可などの審査に際しての判断基
　　　準を明確にするため、省令などの解釈を強制力を持たないかたちで具体化、数値化し
　　　て明示した「解釈基準」（鉄道局長通達）を策定する

（3） また必要に応じ、実務者の参考になるよう、国、（公財）鉄道総合技術研究所、鉄道
　　　技術系協会、鉄道事業者など関係者が連携しながら、省令など、解釈基準の設定根拠、
　　　考え方をまとめた「解説」を策定する。

（4） 鉄道事業者は、省令などに適合する範囲内で、解釈基準、あるいは解説などを参考
　　　にしながら、個々の実情を反映した詳細な「実施基準」を策定し、これに基づき施設、
　　　車両の設計、運転取り扱いなどを行う。

　　鉄道事業者が策定する「実施基準」については、「解釈基準」にない「実施基準」の内容
　の確認及びそれの速やかな解釈基準への反映による広範な普及、個別手続き・事後チェッ
　クの効率化・迅速化などの理由から、その策定または変更に際し鉄道事業者は事前に国土
　交通省にその内容を届け出る。

3. 鉄道技術基準省令の制定

　　以上の趣旨に沿い、鉄道に関する技術上の基準を定める省令（平成 13 年　国土交通省
　令第 151 号、以下「鉄道技術基準省令」という）、施設及び車両の定期検査に関する告示
　（平成 13 年　国土交通省告示第 1786 号）及び特殊鉄道に関する技術上の基準を定める
　告示（平成 13 年　国土交通省告示第 1785 号）を平成 13 年 12 月 25 日付で交付し、
　本年 3 月 31 日に施行した。

　　また、鉄道に関する技術上の基準を定める省令の解釈基準を平成 14 年 3 月 8 日付で鉄
　道局長から地方運輸局長あて通達した。

4. 鉄道技術基準省令等の見直し

　　技術基準省令等については、技術の進展等に合わせ、適宜、策定・見直しを行っている。

　この答申を受けて、1998 年 12 月に、運輸審議会鉄道部会の下に技術基準検討
会が設置され、技術基準の性能規定化に関して、具体的な方針などについて検討
するとともに、技術基準原案について審議されることとなりました。そして、

2001年12月に、「鉄道に関する技術上の基準を定める省令」（国土交通省令第151号）（以下、省令）が制定・公布され、性能規定化された鉄道の技術基準が示されるとともに、その後、解釈基準についても順次策定されることとなりました。

　鉄道の技術基準および解釈基準などは、一般に、**図A.2**のような体系で示されます。法的な拘束力がある省令では、目的・性能要求が規定され、性能表現による要求水準の実現方法や検証方法の具体的な内容については、省令の対象外となっています。そのため、省令などが鉄道事業者に正しく理解されるように、省令などの解釈を法的な拘束を有さない「解釈基準」（鉄道局長通達）として、具体化、数値化して明示されています。また、実務担当者の参考になるよう、国、公益財団法人鉄道総合技術研究所、鉄道事業者などの関係者が連携しつつ、解釈基準の設定の根拠や考え方などをまとめた「解説」を検討し、「解釈基準」「解説」をあわせる形で、鉄道構造物等設計標準・同解説や、鉄道構造物等維持管理標準・同解説として刊行されています。そして、鉄道事業者は、省令第3条「実施基準」に示されるように、省令などに適合する範囲内でこれらを参考に「実施基準」を策定・届出を行い、これに基づき鉄道施設などの設計や維持管理などを行うこととなります。図A.2に示すように技術力のある鉄道事業者Aの場合には、技術基準に適合した実施基準を作り届け出ることができますが、技術力が十分でない鉄道事業者Bの場合には、解釈基準に準じて実施基準を定めれば、技術基準にかなった実施基準を作成して届け出ることが可能になります。このフレームこそ、進歩する技術を組み込んだ装置やシステムを鉄道システムの中に適用できる根拠となっています。

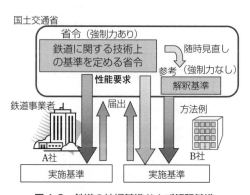

図A.2　鉄道の技術基準および解釈基準

付.B 主な鉄道事故など

　鉄道の安全は、過去の事故から学び、その対策を積み重ねるなかで遂次築かれてきました。各鉄道事業者は、過去の事故のうち、忘れてはならない事故事例を自社の研修施設への展示や社員教育などにより伝承する努力を続けています。

　以下の表には、死亡100名以上の大事故および本書各章で記載した事故などを掲げました。紙面の関係上表中には事故などの詳細を記載することができませんが、詳細については、必要により国土交通省のデータベース、インターネットなどを参照してください。

表 B.1　主な鉄道事故の一覧

No	発生年月日	発生場所	概　要	記　事
1	1923 年9 月 1 日	熱海線（現東海道線）根府川駅付近	関東大震災で土砂崩壊により列車が 45 m 下の海中へ落下、乗務員、乗客が溺死したもの。	列車脱線事故（自然災害）【112 (12)】
2	1940 年1 月 29 日	西成線安治川口駅構内	てっ査鎖錠機構を撤去した分岐器を満員乗車の 3 両編成の気動車が通過中に、信号掛が転換操作を行ったため、最後部の 1 両が脱線転覆・炎上した。当時、車両はガソリン動車であったため、漏れた燃料に引火した。	列車脱線事故【189 (69)】分岐器鎖錠機構、分岐器通過中の転換禁止
3	1943 年10 月 26 日	常磐線土浦駅構内	信号掛と操車掛の打合せ不良および操車掛の進路未確認により異線進入・脱線した入換貨車に上り貨物列車が衝突・転覆、下り本線を支障し、さらに下り普通列車（客車 4 両）と衝突した。	列車衝突事故【110 (107)】
4	1945 年8 月 24 日	八高線小宮駅〜拝島駅間	雷雨で通信途絶し通票閉そく装置が故障し指導式代用閉そくへ移行時に、駅間の打合せ不徹底のため、上り列車（客車 5 両編成）を出発させたにもかかわらず、下り列車（客車 5 両編成）が出発し、橋梁上で正面衝突した。	列車衝突事故【105 (67)】
5	1947 年2 月 25 日	八高線東飯能駅〜高麗川駅間	超満員の下り普通列車（客車 5 両編成）が、下り 20 ‰、半径 250 m 曲線を曲がりきれずに後部 4 両が脱線し、大破した。超満員の乗客による加重により、下り勾配で十分なブレーキが効かなかった。	列車脱線事故【184 (497)】

No	発生年月日	発生場所	概　要	記　事
6	1951 年 4 月 24 日	京浜線 桜木町駅構内	駅構内でがいし交換工事中に誤って架線を断線、垂下させ、その架線に通過中の列車のパンタグラフが絡まり、電流短絡により炎上した。先頭車が全焼、2 両目が半焼した。戦時設計構造であり絶縁対策に不備、ドアコック表示不備かつ貫通扉が内側開き、三段窓の中段が固定されていたため脱出不能であった。	列車火災事故 【106 (92)】 窓構造の改良、ドアコック位置の明示、客室天井の金属化、貫通路の整備など
7	1962 年 5 月 3 日	常磐線 三河島駅構内	貨物列車から下り本線に進入しようとした貨物列車が、停止信号を冒進し安全側線に進入・脱線。機関車が下り本線を支障し、その直後下り本線電車と衝突し脱線し、上り本線を支障した。さらに上り電車が進入して脱線車両に衝突した。	列車衝突事故 【160 (296)】 ATS、列車無線、防護無線
8	1962 年 11 月 29 日	羽越本線 羽後本荘駅〜 羽後岩谷駅間	列車行き違い駅の出発信号機の停止現示を確認せず出発合図を出してしまうなど変更の手順の不良および閉そく取扱い者以外の者が閉そく操作を行ったことにより、下り単行機関車と上り貨物列車が正面衝突し、貨物列車は前頭部が完全に粉砕し炎上した。	列車衝突事故 【2 (3)】
9	1963 年 11 月 9 日	東海道本線 鶴見駅〜新子安駅間	下り貨物列車が走行中に競合脱線し、上り線を支障したところに上り電車が衝突し、ほぼ同時に進入してきた下り電車と衝突した。	列車衝突事故 【161 (120)】 狩勝実験線での再現試験。 2 軸貨車リンク改良、レール塗油器、踏面改良、軌道整備基準改定、脱線防止ガード施設基準見直しなど
10	1972 年 11 月 6 日	北陸本線 敦賀駅〜今庄駅間（北陸トンネル内）	北陸トンネル内を走行中の急行「きたぐに」（客車 15 両）の食堂車から火災が発生した。乗務員は、当時の規則に基づいてトンネル内で停車したが、密閉された空間であるトンネル内だったことから、乗客・乗務員の多くが煙に巻かれた。	列車火災事故 【30 (714)】 車両難燃化・不燃化、トンネル内火災時の脱出走行など
11	1973 年 12 月 26 日	関西本線 平野駅構内	普通列車（6 両編成）が、平野駅上り場内信号機の注意信号の確認を欠き、制限速度を超過したまま運転し、気が付いた運転士は非常ブレーキを使用したが、分岐器の制限速度を大幅に超過し脱線した。	列車脱線事故 【3 (149 以上)】 ATS-P

付録

271

No	発生年月日	発生場所	概要	記事
12	1985 年 7 月 11 日	能登線 古君駅〜鵜川駅間	急行「能登路 5 号」（4 両編成）が、走行中、左側の築堤の盛土が一部崩壊し線路が浮いている場所に進入した。直ちに非常ブレーキを使用したが、全車両が脱線し 3 両が転落した。	列車脱線事故 【7（32）】 降雨規制強化
13	1986 年 12 月 28 日	山陰本線 鎧駅〜餘部駅間	回送列車お座敷客車「みやび」（客車 7 両編成）が、余部橋梁を走行中、日本海からの強風にあおられて、機関車を除く客車 7 両すべて橋梁から転落した。	（自然災害） 【6（6）】 風速規制強化
14	1988 年 12 月 5 日	中央本線 東中野駅構内	中央緩行線東中野駅に停車中の電車（10 両編成）に、後続列車（10 両編成）が追突した。	列車衝突事故 【2（116）】 ATS-P、ATS-SN
15	1991 年 5 月 14 日	信楽線 貴生川〜紫香楽宮跡間	臨時快速「世界陶芸祭しがらき号」（3 両編成）と、普通列車（4 両編成）が正面衝突した。	列車衝突事故 【42（614）】
16	1994 年 2 月 22 日	南リアス線 甫嶺駅〜三陸駅間	矢作川橋梁上で普通列車（2 両編成）が突風にあおられ転覆した。	列車脱線事故（自然災害） 【—（5）】 風速規制強化
17	1994 年 2 月 22 日	石勝線 トマム駅〜新得駅間の広内信号所付近	特急「おおぞら 10 号」が突風により、3 両が脱線、先頭車両が転覆した。	列車脱線事故（自然災害） 【—（25）】 風速規則強化
18	1995 年 1 月 17 日	東海道本線、山陽本線、阪急電鉄、阪神電鉄他近畿地方全域	阪神、淡路大震災ほか、兵庫県を中心に鉄道施設に甚大な被害が発生した。東海道本線・山陽本線では営業運転中の列車を含む多数の列車が脱線した。	列車脱線事故など（自然災害） 【—（—）】 耐震強化
19	1999 年 6 月 27 日	山陽本線 福岡トンネル	「ひかり 351 号」が福岡トンネルを走行中、上下線が停電、架線・パンタグラフ破損、屋根の陥没などを確認した。調査の結果、トンネル天井部コンクリートの一部が落下したものと判明した。	その他 【—（—）】
20	2000 年 3 月 8 日	日比谷線 中目黒駅〜恵比寿駅間	菊名行き列車（8 両編成）が、中目黒駅手前の急曲線における出口側緩和曲線部で、カーブ外側の車輪が乗り上がり脱線を起こした。隣接線の車両限界を支障したところで、対向の竹ノ塚行き列車（8 両編成）と側面衝突し大破した。	列車脱線事故 【5（64）】 事故調査検討会、急曲線ガードレール、静止輪重比管理

No	発生年月日	発生場所	概　要	記　事
21	2002 年 11 月 6 日	東海道線 塚本駅構内	下り外側線を速度約 105 km/h で惰行運転中の特急「スーパーはくと 11 号」が、前方に白いものを発見したため、非常ブレーキを使用したが間に合わず、進行方向左側の線路脇で負傷者の救急救助活動を行っていた消防署員 2 名に衝突した。	鉄道人身障害事故 【1 (1)】
22	2004 年 10 月 23 日	上越新幹線 浦佐駅〜長岡駅間	「とき 325 号」（10 両編成）が滝谷トンネル出口から出て、直線区間を速度約 200 km/h で走行中、大きな揺れとともに非常ブレーキが作動して、停止した。10 両中 8 両が脱線していた。新潟県中越沖地震。	列車脱線事故 （自然災害） 【— （—）】 脱線防止ガード、逸脱防止装置、レール転倒防止装置、車両停電検知装置など
23	2005 年 3 月 2 日	宿毛線 宿毛駅構内	特急「南風 17 号」が、終端駅である宿毛駅 1 番線の線路終端の車止めを越えて、前方の通路に乗り上げ、エレベーターに衝突し停止し脱線した。	列車脱線事故 【1 (11)】 過走防止用 ATS 地上子、速度照査機能追加
24	2005 年 4 月 25 日	福知山線 塚口駅〜尼崎駅間	上り快速列車（7 両編成）は、半径 300 m 曲線区間（制限速度 70 km）を速度約 116 km/h で進入・脱線転覆し、沿線マンションへ激突した。	列車脱線事故 【107 (562)】 速度照査式 ATS-P、運転状況記録装置、デッドマン装置、緊急列車防護装置など
25	2005 年 12 月 25 日	羽越線 砂越駅〜北余目駅間	特急「いなほ 14 号」（6 両編成）は、第 2 最上川橋梁を過ぎた盛土構造の直線区間を走行中、局所的な突風を受け全車両が脱線し、1 両目から 3 両目までが盛土上から転落して横転した。	列車脱線事故 【5 (33)】 ドップラーレーダーによる突風規制、風速規制強化
26	2009 年 2 月 27 日	大阪線 東青山駅構内	東青山駅の西方約 300 m の下り線上で、架線の部品交換作業を行った後、レール上の取外しを忘れた横取装置に下り普通列車（2 両編成）が、乗り上げ脱線した。	列車脱線事故 【— （—）】
27	2011 年 3 月 11 日	常磐線、仙石線、石巻線他 東北地方全域	東北地方太平洋沖地震およびこの地震によって起きた津波により、太平洋沿岸部を中心に列車が押し流されるなど鉄道施設に甚大な被害が発生した。乗務員の適切な避難誘導により人的被害は最小限にとどめた。	列車脱線事故など （自然災害） 【— （—）】

付録

No	発生年月日	発生場所	概　要	記　事
28	2015 年 5 月 22 日	長崎線 肥前竜王駅構内	下り特急「かもめ 19 号」列車の運転士は異音感知、現場の確認及び車両の点検を行い、輸送指令員の指示を受け、運転を再開したところ、本来の進路と異なる肥前竜王駅 1 番線に進入したことを認めたため、ただちにブレーキを使用し列車を停止させた。上り特急「かもめ 20 号」は、同じ 1 番線前方に下り特急列車が停止していることに気付いた。	重大インシデント 【―（―）】
29	2017 年 12 月 11 日	東海道新幹線 名古屋駅構内	「のぞみ 34 号」は車内での異臭および車両の床下からの異音などを認め床下点検を実施した。点検の結果、4 両目車両の前台車（歯車箱付近）に油漏れが認められたため、列車の運行を取りやめた。当該車両を車両基地に移動させるための作業を行っていたところ、4 両目車両の前台車の台車枠左側の側ばりに亀裂が発見された。	重大インシデント 【―（―）】 超音波探傷徹底、台車温度検知装置
30	2019 年 6 月 6 日	地下鉄ブルーライン 下飯田駅～立場駅間	走行中非常に大きな音とともに突き上げるような衝撃を受け、非常ブレーキを扱い停車した。車輪が横取装置（横取材）に乗り上げ左側に脱線していることを確認した。	列車脱線事故 【―（―）】
31	2019 年 10 月 13 日	長野新幹線車両センター	台風 19 号の影響により、千曲川の氾濫によって長野新幹線車両センター構内が冠水するなど諸設備に甚大な被害が発生した。北陸新幹線車両全編成の 3 分の 1 が冠水により被災した。	（自然災害） 【―（―）】

※「記事」欄の【】中の数字は、死者数（負傷者数）を示す。

索　引

索　　引

〈編著者略歴〉

中村 英夫（なかむら ひでお）

1948年茨城県生まれ。
国鉄中央鉄道学園大学課程電気科卒業、東京理科大学電気工学科卒業。
国鉄鉄道技術研究所および財団法人鉄道総合技術研究所にて約22年間信号保安
システムの研究開発に従事。ATS-P形、電子連動装置、次世代列車制御システ
ム CARAT、ATS-SP システムの開発を行う。同研究所研究室長を経て1994年
に日本大学理工学部に転職、教授、現名誉教授。日本信頼性学会会長、電子情報
通信学会安全性研究専門委員会委員長、同学会 DC 研究専門委員会委員長、独立
行政法人産業安全研究所外部評価委員会議長、電気学会交通電気鉄道技術委員会
委員長、厚生労働省独立行政法人評価委員会臨時委員、国土交通省交通政策審議
会臨時委員などを歴任。
現在：電子情報通信学会フェロー、IRSE（鉄道信号技術者協会）フェロー、情
報処理技術者試験委員。工学博士。
専門：鉄道工学、システム安全工学、情報応用工学

鉄道安全解体新書

2021年11月18日　　第1版第1刷発行

監 修 者　一般社団法人 日本鉄道技術協会
　　　　　　総合安全調査研究会
編 著 者　中 村 英 夫
発 行 者　村 上 和 夫
発 行 所　株式会社 オーム社
　　　　　郵便番号　101-8460
　　　　　東京都千代田区神田錦町 3-1
　　　　　電話　03(3233)0641(代表)
　　　　　URL　https://www.ohmsha.co.jp/

© 一般社団法人 日本鉄道技術協会 2021

印刷・製本　美研プリンティング
ISBN978-4-274-22765-3　Printed in Japan

本書の感想募集 https://www.ohmsha.co.jp/kansou/
本書をお読みになった感想を上記サイトまでお寄せください。
お寄せいただいた方には、抽選でプレゼントを差し上げます。